ずっと使える
iPhone 16 & 15
アイフォーン

Plus/Pro/Pro Max 対応

法林岳之・石川 温・白根雅彦 & できるシリーズ編集部

JN137409

インプレス

ご購入・ご利用の前に必ずお読みください

本書の内容は、2024年10月現在の情報をもとに「iPhone 16シリーズおよびProモデル」「iPhone 15シリーズおよびProモデル」の操作方法について解説しています。本書の発行後にiPhoneやアプリの機能、操作方法、画面およびサービスの仕様などが変更された場合、本書の掲載内容通りに操作できなくなる可能性があります。

本書発行後の情報については、弊社のWebページ（https://book.impress.co.jp）などで可能な限りお知らせいたしますが、すべての情報の即時掲載ならびに、確実な解決をお約束することはできかねます。

本書の運用により生じる、直接的、または間接的な損害について、著者ならびに弊社では一切の責任を負いかねます。あらかじめご理解、ご了承ください。

本書で紹介している内容のご質問につきましては、巻末をご参照のうえ、メールまたは封書にてお問い合わせください。ただし、本書の発行後に発生した利用手順やサービスの変更に関しては、お答えしかねる場合があります。また、本書の奥付に記載されている初版発行日から1年が経過した場合、もしくは解説する製品やサービスの提供会社がサポートを終了した場合にも、ご質問にお答えしかねる場合があります。あらかじめご了承ください。

▶ 本書の前提

本書の各レッスンは、主にiOS 18が搭載されたiPhone 16およびiPhone 16 Proで手順を再現しています。また、一部の画面はハメコミ画像で再現しています。

本文中の価格は、特に記載がある場合を除き、税込表記を基本としています。

「できる」「できるシリーズ」は、株式会社インプレスの登録商標です。

「QRコード」は株式会社デンソーウェーブの登録商標です。また、本書に記載されている会社名、製品名、サービス名は、一般に各開発メーカーおよびサービス提供元の登録商標または商標です。なお、本文中には™および®マークは明記していません。

Copyright© 2024 Takayuki Hourin, Tsutsumu Ishikawa, Masahiko Shirane and Impress Corporation. All rights reserved.

本書の内容はすべて、著作権法によって保護されています。著者および発行者の許可を得ず、転載、複写、複製等の利用はできません。

購入者特典！　無料電子版のご案内

本書を購入いただいた皆さまに、電子版を購入特典として提供します。ダウンロードにはCLUB Impressの会員登録が必要です（無料）。ダウンロードしたPDFはiPhone上で見られるので便利です。

▼商品情報ページ
https://book.impress.co.jp/books/1124101088/

❶上記のURLまたはQRコードから商品ページを表示

❷画面を上にスクロールし、[特典を利用する]をタップ

❸会員IDを入力

❹会員パスワードを入力

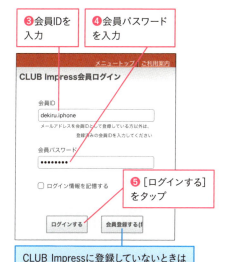

❺[ログインする]をタップ

CLUB Impressに登録していないときは[会員登録する]をタップして登録する

特典をダウンロードするためのクイズが表示された

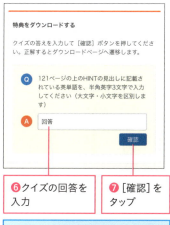

❻クイズの回答を入力

❼[確認]をタップ

クイズに正解すると[ダウンロード]ボタンが表示される

❽[ダウンロード]をタップ

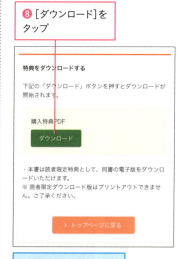

ワザ059を参考にして、PDFを保存する

知っておきたい！
iPhone 16&15シリーズの
イチ推しポイント

装いも新たに登場したスタンダードモデルの「iPhone 16」「iPhone 16 Plus」、そして高性能モデルの「iPhone 16 Pro」「iPhone 16 Pro Max」。ここではiPhone 16シリーズを中心に、注目の機能を解説していきます。

もっと撮りたくなる!?「カメラコントロール」

iPhone 16シリーズで新たに搭載された「カメラコントロール」。ワンプッシュでカメラを起動でき、そのままシャッターを切ることが可能になりました。もちろん、スリープ状態でもカメラコントロールを2回連打すると、カメラを起動可能。よりすばやく撮影できるようになり、シャッターチャンスを逃しません。

画面にタッチせず
スムーズに撮影

カメラコントロールはカメラの起動やシャッターだけでなく、撮影の設定を変更することも可能です。カメラコントロールを弱く押して、上下に（縦画面）スライドすると、ズーム倍率を変更できます（画面左）。弱く2回押せば、ズーム倍率以外に明るさや被写界深度などの撮影設定も操作可能。カメラコントロールだけでさまざまな撮影の操作が完結できます。

美しい映像が手軽に撮れるカメラ機能

iPhone 16シリーズ（写真左）のスタンダードモデルは、カメラ回りのデザインをリファイン。見た目がスッキリしたデザインになり、超広角カメラが新たにマクロ撮影に対応。コインサイズの小さなものも画面いっぱいに撮影可能に。対して、iPhone 16シリーズのProモデル（写真右）は、超広角カメラがクアッドピクセルセンサーになり、超広角撮影やマクロ撮影の精細さがアップ。さらにコンパクトなiPhone 16 ProもiPhone 16 Pro Maxと同じ5倍望遠カメラ搭載となり、遠くの被写体もしっかり撮れるようになりました。

Proモデルは3つのレンズを搭載

iPhone 16 Pro/16 Pro Maxでは超広角、広角に加えて、光学5倍の望遠レンズも搭載。スマートフォンでは初となるドルビービジョンでの撮影も可能で、美しい動画が撮影できるのが特長です。

進化したフォトグラフスタイル

「鮮やか」「ナチュラル」「ルミナス」「ドラマチック」など、14ものフォトグラフスタイルが利用可能に。それぞれのスタイルには色やハイライト、シャドウが設定されており、写真の雰囲気を簡単に変えて撮影できます。普段とは違った写真を楽しみたいときに便利な機能です。

生成AIが身近に！ Apple Intelligence

　生成AIを応用したアップル独自のアシスタント機能「Apple Intelligence」は、iPhone 15シリーズのProモデルとiPhone 16シリーズが対応します。日本語対応は2025年の予定です。ユーザーが何をしているか、何をしたいかを理解した上で、メールなどの情報を整理してくれたり、メール作成を手伝ってくれたりと、まるで秘書のような仕事をこなしてくれるようになります。外部の生成AIであるChatGPTと連係する機能も搭載され、iPhone内では処理しきれない高度な専門知識にもアクセスできます。

AIを活用してメールの下書きや要約が可能

メールの下書きなどをWriting Toolで生成可能。フレンドリーな文章やプロフェッショナルな文章など、文章のトーンを変更することもできます。また、入力済みの文章をリライトしたり、短く要約することも可能です。

Siriがメールなどの情報からサポート

受信済みのメールなどiPhoneに保存された情報を基に、Siriがサポートしてくれます。家族から飛行機の到着時間に関するメールが届けば、到着時間が近づいたときにSiriが秘書のように教えてくれます。

カメラに写った被写体からAIで検索

iPhone 16シリーズで新たに搭載されたカメラコントロールで、カメラに写った被写体を検索できます。生成AIを使って検索することで、単純なインターネット検索を超える情報を得ることが可能になります。

より使いやすく、便利になったiOS 18

iPhone 16シリーズと共に登場したのがiOS 18です。ホーム画面やコントロールセンターのカスタマイズなど、基本的な使い勝手が大きく向上しただけでなく、[写真]アプリを刷新するなど、より楽しく使えるように進化しました。また、[パスワード]アプリを新たに搭載。インターネットサービスの利用で煩わしいIDとパスワードの管理を簡単かつ安全に行なえるようになりました。さらに録音した伝言メモのテキスト化機能もある「ライブ留守番電話」が利用できるようになっています。

衛星経由の緊急SOS

iPhone 14シリーズ以降が搭載していた衛星経由での緊急通報機能が日本でも利用可能になりました。山間部などモバイルデータ通信ができない場所でも、衛星通信を使って救援要請したり、位置情報を送信したりできます。

コントロールセンターのカスタマイズで使いやすく

これまで1画面だったコントロールセンターが複数の画面で切り替えられるようになりました。よく使う機能だけを集めたコントロールセンターを複数作り、利用する場面に応じて切り替えるといったことも可能です。

ホーム画面のカスタマイズで楽しく

ホーム画面のアイコンを自由に配置できるようになりました。壁紙がよく見えるようにアイコンを工夫して配置することが可能です。全体的な色味も変更でき、壁紙との一体感のあるデザインで使うことができます。

パスワード管理アプリで安心してサービスを利用

Safari上で利用しているインターネットサービスのIDやパスワードを一括管理ができます。iPhone上で利用しているパスワードだけでなく、宅配ボックスの暗証番号などもアプリ上に登録することができます。

目次 〉〉〉

無料電子版のご案内 ……………………………………………………………… 3
知っておきたい！ iPhone 16シリーズのイチ推しポイント ………………… 4

第1章　iPhone 16&15シリーズがすぐ使える基本ワザ

- 001　各部の名称と役割を知ろう ……………………………………………… 14
- 002　iPhoneの画面を表示するには ………………………………………… 18
- 003　タッチの操作を覚えよう ………………………………………………… 20
- 004　iPhoneの画面構成を確認しよう ……………………………………… 22
- 005　ホーム画面を表示するには …………………………………………… 24
- 006　アプリの一覧を表示するには ………………………………………… 26
- 007　アプリを使うには ………………………………………………………… 27
- 008　通知センターを表示するには ………………………………………… 30
- 009　コントロールセンターを表示するには ……………………………… 32
- 010　キーボードを切り替えるには ………………………………………… 35
- 011　アルファベットを入力するには ……………………………………… 36
- 012　日本語を入力するには ………………………………………………… 38
- 013　文章を編集するには …………………………………………………… 41
- 014　電話をかけるには ……………………………………………………… 43
- 015　電話を受けるには ……………………………………………………… 46
- 016　使えるメッセージ機能を知ろう ……………………………………… 47
- 017　［メッセージ］でメッセージを送るには ……………………………… 49
- 018　受信したメッセージを読むには ……………………………………… 51
- 019　iPhoneでWebページを見よう ……………………………………… 52
- 020　Webページを検索するには …………………………………………… 55
- 021　写真を撮影するには …………………………………………………… 57
- 022　写真や動画を表示するには …………………………………………… 59

第 2 章　iPhoneに欠かせない！ 超基本の設定ワザ

- 023　Wi-Fi（無線LAN）を設定するには ……………………………… 62
- 024　iPhoneを使うためのアカウントを理解しよう ………………… 66
- 025　Apple Accountを作成するには ………………………………… 68
- 026　iCloudのバックアップを有効にするには ……………………… 73
- 027　携帯電話会社の初期設定をするには …………………………… 75
- 028　補償サービスを申し込むには …………………………………… 80

第 3 章　知っておきたい！ iPhone 16&15の最新ワザ

- 029　ホーム画面を使いやすく設定しよう …………………………… 82
- 030　安全にパスワードを管理するには ……………………………… 84
- 031　留守番電話に保存された伝言を文字で確認するには ………… 87
- 032　カメラコントロールを使いこなすには ………………………… 89
- 033　充電中に便利な情報を表示しておくには ……………………… 93
- 034　USBメモリーとファイルをやり取りするには ………………… 95
- 035　コントロールセンターを使いやすく設定するには …………… 98
- 036　アクションボタンを使いこなすには ……………………………100
- 037　衛星通信が使えることを確認するには …………………………101

第 4 章　電話&メールで役立つ便利ワザ

- 038　発着信履歴を確認するには ………………………………………104
- 039　着信音を鳴らさないためには ……………………………………105
- 040　連絡先を登録するには ……………………………………………107
- 041　連絡先を編集するには ……………………………………………110
- 042　FaceTimeでビデオ通話をするには ……………………………112
- 043　携帯電話会社のメールアドレスを確認・変更するには ………114

044	パソコンのメールを使うには	118
045	［メール］でメールを送るには	120
046	メールに写真を添付するには	123
047	受信したメールを読むには	125
048	差出人を連絡先に追加するには	127
049	メールサービスを切り替えるには	128
050	署名を設定するには	129
051	［＋メッセージ］を利用するには	130

第5章 インターネットを自在に使う快適ワザ

052	リンク先をタブで表示するには	134
053	タブグループを作成するには	137
054	Webページを読みやすく表示するには	139
055	Webページを後で読むには	140
056	Webページを共有／コピーするには	143
057	用途に応じてSafariを使い分けるには	145
058	履歴や入力した情報を残さずにWebページを閲覧するには	147
059	PDFを保存するには	148

第6章 アプリをもっと使いこなす便利ワザ

060	ダウンロードの準備をするには	152
061	アプリを探してダウンロードするには	157
062	マップの基本操作を知ろう	161
063	ルートを検索するには	163
064	地図のデータをダウンロードするには	166
065	予定を登録するには	167
066	Apple Musicを楽しむには	170
067	iPhoneで曲を再生するには	172
068	定額サービスを解約するには	177
069	アプリを並べ替えるには	178

070	アプリをフォルダにまとめるには	180
071	ウィジェットをホーム画面に追加するには	181
072	不要なアプリを整理するには	182

第7章 写真と動画が楽しくなる快適ワザ

073	いろいろな方法で撮影するには	186
074	ズームして撮影するには	189
075	すばやく動く被写体を撮影するには	190
076	美しいポートレートを撮るには	192
077	動画を撮影するには	194
078	撮影した場所を記録するには	196
079	写真に写った文字を読み取るには	197
080	撮影日や撮影地で写真を表示するには	198
081	写真を編集するには	200
082	写真を共有するには	203
083	近くのiPhoneに写真を転送するには	205
084	写真や動画を削除するには	207
085	iCloudにデータを保存するには	209

第8章 快適に使えるようになる設定ワザ

086	壁紙やロック画面を設定するには	212
087	ロック画面をカスタマイズするには	214
088	ロックまでの時間を変えるには	216
089	画面の自動回転を固定するには	217
090	暗証番号でロックをかけるには	218
091	Face IDを設定するには	221
092	Apple Payの準備をするには	224
093	交通系ICカードを追加するには	229
094	Apple Payで支払いをするには	231
095	声で操作する「Siri」を使うには	233

096	就寝中の通知をオフにするには	235
097	アプリの通知を一時的に停止するには	237
098	アプリの通知を設定するには	238
099	決まった時間に通知を受けるには	241
100	テザリングを利用するには	243
101	GoogleカレンダーをiPhoneで利用するには	246
102	周辺機器と接続するには	248

第9章 疑問やトラブルに効く解決ワザ

103	以前のスマートフォンで移行の準備をするには	250
104	iPhoneの初期設定をするには	254
105	以前のiPhoneから簡単に移行するには	262
106	以前のiPhoneのバックアップから移行するには	264
107	iPhoneを初期状態に戻すには	267
108	iPhoneを最新の状態に更新するには	269
109	iPhoneが動かなくなってしまったら	270
110	iPhoneを紛失してしまったら	271
111	Apple Accountのパスワードを忘れたときは	275
112	iPhoneの空き容量を確認するには	276
113	携帯電話会社との契約内容を確認するには	278
114	毎月のデータ通信量を確認するには	282

索引 ……284

第 **1** 章

iPhone 16&15シリーズが
すぐ使える基本ワザ

001 各部の名称と役割を知ろう

| 16 | Plus | Pro | Pro Max |
| 15 | Plus | Pro | Pro Max |

iPhoneとは

iPhoneは前面の大半をディスプレイが覆い、側面にボタン、前面の上や背面にカメラを備えたデザインを採用しています。iPhone SE（第3世代）などの**ホームボタンはありません**。iPhone 16/15シリーズを例に、各部の名称と役割を確認しましょう。

iPhone 16／15シリーズの前面と下面の各部の名称

❶前面側カメラ
「Face ID」や「FaceTime」、自分撮りなどで利用する

❷レシーバー／前面側マイク／スピーカー
通話時に相手の声が聞こえる。iPhoneを横向きに持ったときはステレオスピーカーになる

❸底面のマイク
通話や音声メッセージを記録するときに利用する

❹USB-Cコネクタ
同梱のUSB-C充電ケーブルを接続して、充電器やパソコンと同期するときに使う

❺スピーカー
着信音や効果音などが鳴る。スピーカーフォンのときには相手の声が聞こえる

※ここではiPhone 16を例にしていますが、モデルによってはカメラの数やマイクの搭載位置が異なります。

iPhone 16シリーズの右側面／背面／左側面の各部名称

❶サイドボタン（電源ボタン）
短く押すと、スリープによるロックと解除ができる。長押しで電源のオン、音量ボタンとの同時長押しで電源のオフができる

❷カメラコントロール
［カメラ］を起動したり、写真やビデオの撮影ができる。撮影時はズームや露出、被写界深度の調整など、カメラの各項目を設定可能。iPhone 16シリーズのみに搭載

❸背面側マイク
背面カメラでビデオを撮影するとき、被写体側の音を記録します。音声通話などでは周囲の音を探知し、通話をクリアにします

❹背面側カメラ
写真やビデオの撮影で利用する

❺フラッシュ
写真やビデオを撮影するときに光らせて、被写体や対象を明るくする

❻アクションボタン
押すことで、割り当てられた機能を実行できる。消音モードへの切り替えをはじめ、［カメラ］やフラッシュライト、ボイスメモの起動などを割り当てられる

❼音量ボタン
音量の大小を調整できる。［カメラ］の起動時に押すと、シャッターを切れる

❽SIMトレイ
SIMカードを装着するトレイ。ピンを挿すと、取り出すことができる

次のページに続く

iPhone 15シリーズの右側面／背面／左側面の各部名称

❶サイドボタン（電源ボタン）
短く押すと、スリープによるロックと解除ができる。長押しで電源のオン、音量ボタンとの同時長押しで電源のオフができる

❷背面側マイク
背面カメラでビデオを撮影するとき、被写体側の音を記録します。音声通話などでは周囲の音を探知し、通話をクリアにします

❸背面側カメラ
写真やビデオの撮影で利用する

❹フラッシュ
写真やビデオを撮影するときに光らせて、被写体や対象を明るくする

❺着信／サイレントスイッチ
電話やメールの着信音のオン／オフを切り替えられる

❻音量ボタン
音量の大小を調整できる。［カメラ］の起動時に押すと、シャッターを切れる

❼SIMトレイ
SIMカードを装着するトレイ。ピンを挿すと、取り出すことができる

※ここではiPhone 15を例にしていますが、モデルによってはカメラの数やマイクの搭載位置が異なります。

iPhone 15 Proシリーズの左側面の各部名称

❶アクションボタン
押すことで、割り当てられた機能を実行できる。消音モードへの切り替えをはじめ、[カメラ]やフラッシュライト、ボイスメモの起動などを割り当てられる

❷音量ボタン
音量の大小を調整できる。[カメラ]の起動時に押すと、シャッターを切れる

❸SIMトレイ
SIMカードを装着するトレイ。ピンを挿すと、取り出すことができる

iPhoneを充電しよう

iPhoneは本体内蔵のバッテリーで動作します。同梱のUSB-Cケーブルを市販のUSB-C対応ACアダプタ(充電器)に接続し、コンセントに挿すと、充電ができます。MagSafe対応の充電器を背面にセットして、充電できるほか、Qi(チー)規格のワイヤレス充電器でも充電できます。ワイヤレス充電はケーブル接続時に比べ、充電の時間が長くなります。充電状態は画面右上のバッテリーのアイコンで確認できます。

付属のケーブルで充電ができる

002 iPhoneの画面を表示するには

|16|Plus|Pro|Pro Max|
|15|Plus|Pro|Pro Max|

スリープの解除・電源のオフ

スリープ状態で画面が消灯中のiPhoneは、**サイドボタンを押したり、本体を持ち上げたり、画面をタップ**するなどの操作でロック画面が表示されます。ロック画面の下端から上にスワイプすると、ホーム画面が表示されます。

スリープの解除

- ❶本体を持ち上げる
- サイドボタンを押すか、画面をタップしてもいい
- ロック画面が表示された
- ❷画面の下端から上にスワイプ
- 操作画面が表示される
- サイドボタンを押すと、スリープの状態に切り替わる

Point iPhoneが懐中電灯になる

ロック画面の左下の懐中電灯アイコン（ 🔦 ）をロングタッチすると、iPhone背面のライトが点灯し、懐中電灯として使えます。消灯するには、再び、同じアイコンをロングタッチします。

Point スリープって何？

スリープはiPhoneを**待機状態**にすることです。電源を切ると、電話やメールが着信しなくなりますが、スリープ状態なら、電話やメールは着信できます。

Point Proモデルは画面が消灯しない

iPhone 16/15シリーズのProモデルは、スリープ状態でもロック画面が暗く表示されます。iPhoneを伏せたり、カバンに入れたりしているときは、画面が消灯します。

電源のオフ

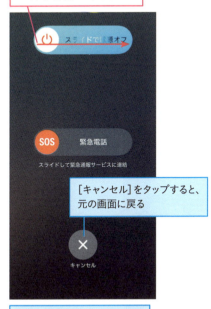

❷ [スライドで電源オフ] の
スイッチを右にスワイプ

[キャンセル] をタップすると、
元の画面に戻る

❶ サイドボタンといずれかの
音量ボタンを1秒程度押す

電源を再びオンにするには、
サイドボタンを2〜3秒押す

電源をオフにしなくても着信音を消せる

劇場など、音を鳴らしたくない場所では、消音モード（ワザ036）や集中モード（ワザ096）を切り替えましょう。航空機の離着陸時など、無線通信が禁止されているときは、コントロールセンター（ワザ009）の「機内モード」をオンにすると、一時的に無線通信機能をオフにできます。その場を離れたとき、忘れずに元のモードに戻しましょう。

電子機器が禁止されている場面では電源をオフに

消音モードや機内モードを使えば、音や電波を発さない状態にできますが、それでもiPhoneの電源がオンのままだと、微弱な電波を発しています。医療機関などで電子機器の電源をオフにする必要がある場面では、その場の指示に従い、iPhoneの電源をオフにしましょう。また、その場を離れたときに、電源をオンにすることを忘れないようにしましょう。

003 タッチの操作を覚えよう

| 16 | Plus | Pro | Pro Max |
| 15 | Plus | Pro | Pro Max |

基本操作

iPhoneは画面に表示されるボタンやアイコンをタッチして操作します。タッチ操作には「タップ」や「スワイプ」などの種類があり、操作によって使い分けます。いろいろなタッチの操作について、確認しておきましょう。

▶ タップ／ダブルタップ

画面の項目やアイコンを指先で軽くたたく

たたいた項目やアイコンに対応した画面が表示される

同じ場所を2回たたくと、ダブルタップになる

▶ ロングタッチ

画面の項目やアイコンを指で触れたままにする

メニューなどが表示される

Point 「スワイプ」と「ドラッグ」の違いは？

「スワイプ」は画面全体を動かしたり、ページを送るときに使う操作で、指をはらうように操作します。「ドラッグ」はアイコンなどを移動させるときに使う操作で、指で押さえたまま、移動元と移動先を意識して操作します。

▶ スワイプ

画面を上下左右に、はらうように触れる

画面の続きが表示される

▶ ドラッグ

画面の項目やアイコンを指で押さえながら移動する

▶ ピンチ

 →

2本の指で画面に触れたまま、指を開いたり、閉じたりする

画面が拡大されたり、縮小されたりする

Point

画面の端からスワイプしてみよう

画面の端からスワイプする操作には、機能が割り当てられていることがあります。たとえば、画面左上から下方向にスワイプすると、通知センター（ワザ008）が表示され、画面右上から下にスワイプすると、コントロールセンター（ワザ009）が表示されます。

004 iPhoneの画面構成を確認しよう

| 16 | Plus | Pro | Pro Max |
| 15 | Plus | Pro | Pro Max |

ホーム画面とステータスバー

iPhoneで電話やカメラなどの機能を使うときは、ホーム画面に表示されているアプリのアイコンをタップします。どのアプリを使っているときでもホーム画面に戻る操作をすると、ホーム画面が表示されます。

ホーム画面の構成

❶ ステータスバー
時刻や電波の受信状態、バッテリーの残量などが表示される

❷ ウィジェット
天気や写真アルバムなど簡単な情報が表示される。追加や削除もできる

❸ ホーム画面
操作の基本となる画面。アイコンやフォルダ、ウィジェットが表示される。左右にスワイプすると、ページが切り替わる

❹ アプリアイコン
iPhoneに入っているアプリを表す。後からダウンロードして追加できる

❺ 検索
タップすると、検索画面が表示される

❻ Dock
アプリアイコンやフォルダを常に画面の下部に表示できる

❼ フォルダ
複数のアイコンを1つのフォルダに整理できる(**ワザ070**)。タップすることで展開し、中に入っているアプリをタップして起動できる

ステータスバーと通知

iPhoneの画面の最上段には、常に「ステータスバー」が表示されています。ステータスバーには時刻や電波状態、バッテリー残量など、iPhoneの状態が示されます。ホーム画面だけでなく、アプリの利用中もステータスバーは表示されます。ホーム画面のアイコンに通知の数が表示されることもあります。

❶時刻が表示される。起動中のアプリから別のアプリに移動したときは、直前のアプリ名が表示され、タップすると、直前のアプリに戻る

❷ネットワークの接続状況やバッテリー残量が表示される

❸各アプリが着信したメールやメッセージ、不在着信の件数などがバッジ（数字付きのマーク）で表示される

❹通話中や音楽再生中にホーム画面やほかのアプリを表示したときに、アイコンなどが表示される。カメラ使用中は緑、マイク使用中はオレンジの点が表示される

▶主なステータスアイコン

アイコン	情報の種類	意味
📶	電波（携帯電話）	バーの本数で携帯電話の電波の強さを表す
✈	機内モード	機内モードがオンになっているときに表示される
📶	Wi-Fi（無線LAN）	Wi-Fiの接続中にバーの本数で電波の強さを表す
14:30	時刻	現在時刻が表示される
🔋	バッテリー（レベル）	バッテリーの残量が表示される
⚡	バッテリー（充電中）	バッテリー充電中は緑色の表示に変わる

005 ホーム画面を表示するには

| 16 | Plus | Pro | Pro Max |
| 15 | Plus | Pro | Pro Max |

ホーム画面の表示

画面の下端から上方向にスワイプすると、ホーム画面を表示できます。ホーム画面はiPhoneの起点となる画面で、アプリを利用中でもこの操作をすることで、ホーム画面に戻ることができます。

ホーム画面の表示

❶画面の下端から上方向にスワイプ

ホーム画面が表示された

ウィジェットが表示された

Point　iPhoneを横にしているときも同様に操作できる

ホーム画面を表示する操作は、どのアプリを使っているときでも共通です。ブラウザや動画などで、iPhoneを横にして表示しているときは、画面表示の下（この場合は長辺側）に表示されるバーを上方向にスワイプします。

ホーム画面の切り替え

❷画面を左にスワイプ

画面を右にスワイプすると、元の画面に戻る

Point 「ウィジェット」って何?

「ウィジェット」はホーム画面などに複数配置して表示できるタイル状の簡易アプリで、天気や予定などの最新情報を確認できます。ホーム画面用とロック画面用の2種類のウィジェットがあり、それぞれをユーザーが自由に配置できます。ホーム画面用のウィジェットは、ホーム画面の1ページ目や通知画面を右にスワイプしたときに表示されるウィジェット専用の画面にも配置できます。

006 アプリの一覧を表示するには

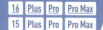

アプリライブラリ

iPhoneにインストールされているアプリの一覧は、ホーム画面を複数回、左方向にスワイプしたときに表示される「アプリライブラリ」にジャンル別に表示されます。アプリライブラリ画面の上にある検索ボックスで検索もできます。

アプリの一覧の表示

ワザ005を参考に、ホーム画面を表示しておく

画面を左に、複数回スワイプ

ホーム画面が増えたときは、最後のページまで左にスワイプする

アプリライブラリが表示された

アプリがジャンル別に自動で分類されている

右にスワイプするか、画面下端から上方向にスワイプすると、ホーム画面に戻る

Point　ホーム画面から消してもアプリを使える

使用頻度の低いアプリや普段使わないアプリは、ホーム画面から取り除いて整理できます（ワザ072参照）。ホーム画面から取り除いたアプリは、削除しない限り、アプリライブラリから起動でき、通知なども受け取ることができます。

007 アプリを使うには

アプリの起動

iPhoneには電話やメール、カメラなどの機能がアプリとして、搭載されています。**ホーム画面にあるアプリのアイコンをタップ**すると、そのアプリが起動して、画面に表示され、それぞれの機能を使えるようになります。

アプリの起動

ここでは[メモ]を起動する

[メモ]をタップ

[メモ]の説明画面が表示されたときは、[続ける]をタップする

[iCloudをオンにする]の画面が表示されたときは、[今はしない]をタップする

[メモ]が起動した

Point アプリを使い終わったら

アプリを使い終わったら、**画面の下端から上方向にスワイプ**して、ホーム画面に戻るか、サイドボタンを短く押して、スリープに切り替えます。[ミュージック]アプリで音楽再生中などは、画面が消えた状態でも動作し続けます。

次のページに続く

アプリの切り替え

アプリを起動しておく

❶画面の下端から上方向に少しスワイプして、途中で止めたままにする

起動中の別のアプリの画面が表示された

❷指を離す

 Point　下端を右にスワイプしてもアプリを切り替えられる

アプリを使っているとき、画面の下端に表示されたバーの部分を右にスワイプすると、アプリの切り替え画面を表示せずに、直前に使っていたアプリに切り替えることができます。

画面下端のバーを右にスワイプする

アプリの切り替え画面で、起動中のアプリが一覧表示された

切り替えたアプリが表示された

左右にスワイプすると、表示を切り替えられる

❸切り替えるアプリをタップ

アプリ画面の外をタップすると、アプリの切り替えを中止できる

Point アプリを完全に終了することもできる

アプリの切り替え画面では、右の手順でアプリを**強制終了**させることもできます。アプリが正常に動作しなくなったときは、強制終了してから起動し直すことで、操作できるようになることがあります。ただし、入力中の文章など、強制終了前の操作内容は、失われることがあります。

アプリの切り替え画面を表示しておく

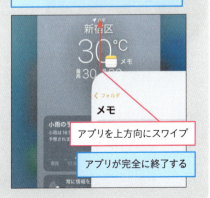

アプリを上方向にスワイプ

アプリが完全に終了する

008 通知センターを表示するには

16 Plus Pro Pro Max
15 Plus Pro Pro Max

通知センター

画面の左上のステータスバーから下方向にスワイプすると、「通知センター」の画面が表示されます。通知センターには各アプリの通知が新しい順に表示されます。通知をタップすると、各アプリが起動し、通知内容の詳細を確認できます。

❶画面左上から下にスワイプ

通知をタップすると、通知元のアプリが起動する

画面を右にスワイプすると、ウィジェットの画面が表示される

❷通知をタップ

画面を左にスワイプすると、[カメラ]が起動する

Point 通知センターの表示内容は変更できる

通知を左に少しだけスワイプし、[オプション] - [設定を表示]をタップすると、そのアプリの通知方法を設定することができます。通知方法のより詳細な設定については、**ワザ098**で解説します。

❸ [開く]をタップ

通知された内容が確認できる

Point 通知内容を簡易的に表示できる

通知をロングタッチすると、メールの本文など、**通知の内容がポップアップ表示**されます。ポップアップの外をタップすると、元に戻ります。アプリによっては、ロングタッチすることで、メッセージに定型文を返信することもできます

Point 通知は消去できる

通知センターに表示される通知は、それぞれのアプリを起動し、通知された内容を確認すると、表示されなくなります。また、右の手順のように操作するか、**左に大きくスワイプ**すると、通知を消去できます。通知センターに が表示されているときは、タップすると、そこから下に表示された通知を一括で消去できます。

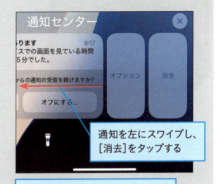

通知を左にスワイプし、[消去]をタップする

通知を右端から左端までスワイプしても、消去できる

009 コントロールセンターを表示するには

コントロールセンター

画面右上のステータスバーから下方向にスワイプすると、「コントロールセンター」が表示されます。Wi-Fi（無線LAN）や画面の明るさなどを切り替えたり、［計算機］や「フラッシュライト」などのアプリや機能をすばやく起動できます。

コントロールセンターの表示

❶画面右上から下にスワイプ

アイコンをタップすると、機能がオンになり、色付きで表示される

❷コントロールセンターを上方向にスワイプ

Point　コントロールセンターはどの画面からでも表示できる

コントロールセンターはアプリを起動しているときやロック画面からでも表示できます。［設定］の画面（ワザ023）の［コントロールセンター］から、アプリ起動中には表示できないように設定することもできます。

Point

コントロールセンターを使いやすく変更できる

コントロールセンターの左上の[+]をタップすると、コントロールセンターのカスタマイズができます。アイコンやパネルの配置やサイズを変えたり、別の機能(コントロール)を追加したりして、自分なりに使いやすいコントロールセンターを作ることができます。コントロールセンターのカスタマイズについての詳細は**ワザ035**を参照してください。

[+]をタップ

コントロールの編集画面が表示される

コントロールセンターが切り替わり、[再生中]のコントロールが表示された

表示しているコントロールセンターのページをアイコンで確認できる

❸ コントロールセンターを上方向にスワイプ

コントロールセンターのページが切り替わり、[コネクティビティ]のコントロールが表示された

❹ ここを上にスワイプ

コントロールセンターが閉じる

次のページに続く

コントロールセンターの構成

▶ コネクティビティのコントロール

❶ 機内モードやWi-Fiなどのオン/オフを切り替える。タップすると、右の詳細画面を表示できる

❷ 再生中の音楽などを操作できる

❸ 画面縦向きのロックやミラーリング、集中モードの設定を切り替える

❹ 上下にスワイプすると、画面の明るさや音量を調整できる

❺ 表示しているコントロールセンターのページを確認できる。表示しているページはアイコンが白く表示される

❻ フラッシュライトやタイマーの機能を利用できるほか、[計算機]や[カメラ]を起動できる

▶ 各アイコンの機能

アイコン	名称	機能
	機内モード	無線通信を無効にする機内モードのオン/オフを切り替えられる
	モバイルデータ通信	モバイルデータ通信のオン/オフを切り替えられる
	Wi-Fi	Wi-Fi接続のオン/オフを切り替えられる
	Bluetooth	Bluetooth接続のオン/オフを切り替えられる
	画面縦向きのロック	オンにすると、画面が本体に合わせて回転しなくなる
	画面ミラーリング	Apple TVなどにiPhoneの画面を映し出せる
	集中モード	通知音などを鳴らさない集中モード（**ワザ096**）に切り替えられる
	フラッシュライト	オンにすると背面のライトが点灯し、懐中電灯になる
	QRコード	QRコード（二次元コード）を読み取るアプリが起動する。[カメラ]アプリでも読み取れる

010 キーボードを切り替えるには

6 | Plus | Pro | Pro Max
5 | Plus | Pro | Pro Max

文字入力

iPhoneでは文字入力が可能になると、自動的に画面にキーボードが表示され、タッチで文字を入力できます。何種類かのキーボードが用意されていて、入力する文字の種類や用途に応じて、切り替えながら使うことができます。

ワザ007を参考に、[メモ]を起動し、右下の をタップして、新しいメモを作成しておく

◆[日本語 – かな]のキーボード

❶ここをタップ

◆[英語]のキーボード

❷ここをタップ

◆[絵文字]のキーボード

ここをタップすると、[日本語 – かな]のキーボードに切り替わる

Point キーボードを一覧からすばやく切り替えられる

キーボードの をロングタッチすると、キーボードが一覧で表示されるので、切り替えたいキーボードを選びます。 をくり返しタップする必要がなく、直接、使いたいキーボードを選べる便利な操作なので、覚えておきましょう。

011 アルファベットを入力するには

16 Plus Pro Pro Max
15 Plus Pro Pro Max

英字入力

メールアドレスや英単語など、アルファベット（英字）を入力するときは、パソコンと似た配列の［英語］キーボードが便利です。Webページのアドレス入力時などは、キーボード配列の一部が変わることがあります。

ここでは「iPhone」と入力する
キーボードを［英語］に切り替えておく
❶Shiftキーをタップ
Shiftキーがオフになった
❷［i］をタップ

続けて、大文字の「P」を入力する
❸Shiftキーをタップ
Shiftキーがオンになった
❹［P］をタップ

Point 大文字だけを続けて入力できる

大文字を続けて入力したいときは、Shiftキー（⇧）をダブルタップします。⬆が反転表示されている間は、常に大文字で入力できます。元に戻すには、もう一度、Shiftキー（⬆）をタップします。

Shiftキーをダブルタップして、反転表示にする

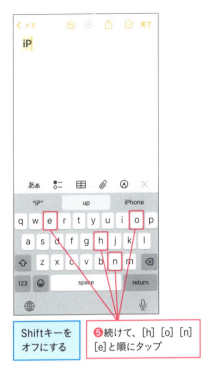

Shiftキーを
オフにする

❺続けて、[h][o][n]
[e]と順にタップ

「iPhone」と入力できた

入力を間違えたときは、ここを
タップして、文字を削除する

Point 数字や記号も入力できる

数字や記号を入力したいときは、123 と表示されたキーをタップし、キーボードを切り替えます。さらに #+= をタップすると、さらにほかの記号を入力できます。ABC をタップすると、元のアルファベットのキーボードが表示されます。

▶数字の入力

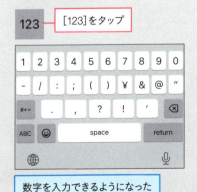

[123]をタップ

数字を入力できるようになった

▶記号の入力

[#+=]をタップ

記号を入力できるようになった

日本語を入力するには

日本語入力

日本語を入力するときは、携帯電話のダイヤルボタンと似た配列の [日本語 -かな] のキーボードが使えます。読みを入力すると、漢字やカタカナなどの変換候補が表示されます。表示された候補をタップすると、文字を入力できます。

ここでは「アップル」と入力する

❶ [あ] をタップ

キーボードを切り替えるには、ここをタップする

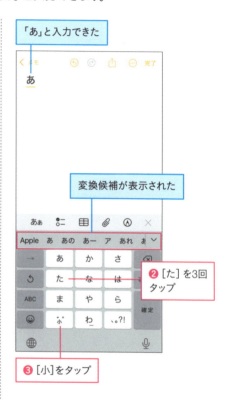

「あ」と入力できた

変換候補が表示された

❷ [た] を3回タップ

❸ [小] をタップ

予測変換も利用できる

文字を入力していると、通常の変換候補に加え、入力前の文字も予測した変換候補も表示されます。過去に入力した単語を学習し、変換候補として表示する機能もあります。

「っ」と入力できた

❹ [は] を3回タップ

❺ [小] を2回タップ

❻ [ら] を3回タップ

「あっぷる」と入力できた

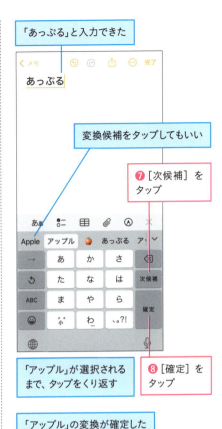

変換候補をタップしてもいい

❼ [次候補] をタップ

「アップル」が選択されるまで、タップをくり返す

❽ [確定] をタップ

「アップル」の変換が確定した

Point

[日本語 - かな]で数字や記号を入力するには

英字や記号を入力したいときは、ABCをタップして、英字モードに切り替えます。英字モードで☆123をタップすると、数字モードに切り替わります。あいうをタップすると、日本語モードに戻ります。

次のページに続く

Point [日本語 - かな]のキーボードですばやく入力できる

［日本語 - かな］のキーボードでは、文字に指をあて、そのまま指を上下左右にスワイプさせることで、その方向に応じた文字を入力できる「フリック入力」が使えます。少し慣れが必要ですが、キーをタップする回数が減り、すばやく文字を入力できるようになります。

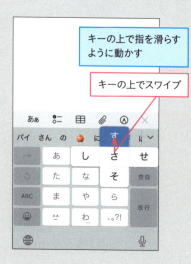

キーの上で指を滑らすように動かす

キーの上でスワイプ

▶ **文字の割り当ての例**

［あ］には左、上、右、下の順に「い」「う」「え」「お」の文字が割り当てられている

 Point フリック入力専用の設定に切り替えできる

フリック入力に慣れてきたら、フリック入力専用の設定に切り替えることができます。［設定］の画面の［一般］-［キーボード］で［フリックのみ］をオンに設定するのがおすすめです。キーをくり返しタップして文字を切り替えながら入力する方法が使えなくなりますが、たとえば、「おおい」など、同じ文字や同じ行のひらがなが連続する単語を入力するとき、1文字ごとに→をタップする必要がなくなります。英字や数字への切り替えボタンも使いやすくなります。

［フリックのみ］のここをタップして、オンに設定

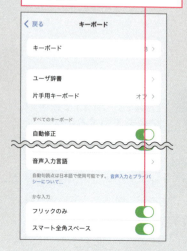

013 文章を編集するには

16 Plus Pro Pro Max
15 Plus Pro Pro Max

コピーとペースト

入力した文字に間違いがあったときは、このワザの手順で修正できます。入力済みの文字列をコピーし、別の場所に貼り付けること（ペースト）もできます。効率良く長い文字を入力するために、これらの方法を覚えておきましょう。

文字の編集

ここでは「西口」を削除して、「北口」と入力する

❶削除する文字の右をタップ

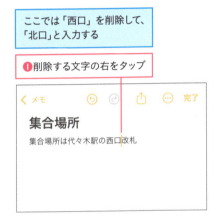

カーソルが移動した

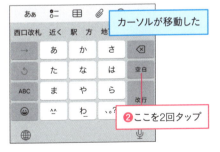

❷ここを2回タップ

文字が削除された

❸「北口」と入力

Point 操作を間違ったときは簡単な操作で取り消せる

文字を編集中、間違って文字列を消してしまったときなどは、画面を指3本でダブルタップ、あるいは指3本で左にスワイプすることで、直前の操作を取り消すことができます。取り消した操作は、指3本で右にスワイプすることで、やり直すことができます。

次のページに続く

文字のコピーとペースト

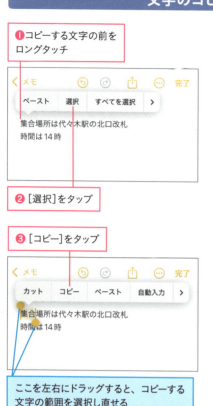

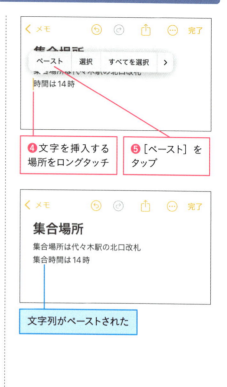

Point カーソル位置や選択範囲を微調整しよう

文字を入力するカーソル位置を細かく移動するには、カーソルをロングタッチし、そのままドラッグします。ドラッグ中は指の少し上にカーソル周辺が表示され、カーソル位置を調整しやすくなります。コピーやカットする文字列を調整するときは、選択範囲の前後のカーソルをドラッグします。文字列を選択するときは、ダブルタップで単語単位、トリプルタップで文章単位を選択することができます。

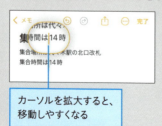

カーソルを拡大すると、移動しやすくなる

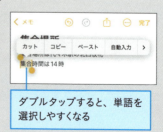

ダブルタップすると、単語を選択しやすくなる

014 電話をかけるには

電話

iPhoneで電話をかけるには、［電話］アプリを使います。相手の電話番号を入力して電話をかけるほかに、連絡先（アドレス帳）に登録してある相手に電話をかけたり、発着信履歴やメールに書かれた電話番号に発信することもできます。

番号を入力して電話を発信

電話をかけるために［電話］を起動する

❶［電話］をタップ

❷相手の電話番号をタップして入力

❸ここをタップ

キーパッドが表示されないときは［キーパッド］をタップする

次のページに続く

連絡先から電話を発信

❶ [連絡先]をタップ

❷ かけたい相手をタップ

❸ 電話番号をタップ

すぐに発信が開始される

Point 留守番電話は使えるの?

最新のiPhoneのソフトウェア(iOS 18)では、「ライブ留守番電話」(ワザ031)という機能が追加されました。[設定]画面の[アプリ]-[電話]の[ライブ留守番電話]がオンになっていれば、留守番電話が利用できます。電話に出られずにメッセージが録音されたときは、[電話]アプリの[留守番電話]で確認できます。メッセージは自動的にテキストに書き起こされ、文字で通知を確認することもできます。圏外にいるときにかかってきた電話も受けたい場合は、各携帯電話会社が提供する留守番電話サービスを利用しましょう。

通話中の画面構成

❶ [消音]
自分の声を消音できる。通話相手の声は聞こえる

❷ [キーパッド]
自動音声案内などで通話中にダイヤルボタンを入力するときに使う

❸ [スピーカー]
iPhoneを耳にあてずに、相手の声をスピーカーで聞ける

❹ [追加]
通話中に別の連絡先に電話をかけられる。最初に通話していた相手は保留状態になる

❺ [FaceTime]
相手が対応している場合、FaceTimeのビデオ通話を開始できる

❻ [終了]
[終了]をタップすると、通話を終了できる

自分の電話番号を確認するには

自分のiPhoneの電話番号は、前ページの手順1の画面にある[マイカード]で確認できます。ここに表示されないときは、**ワザ023**を参考に、[設定]の画面の[アプリ]-[電話]をタップすると、[自分の番号]で確認できます。ほかの人に電話番号を教えるときなどに利用しましょう。

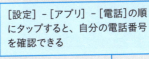

[設定]-[アプリ]-[電話]の順にタップすると、自分の電話番号を確認できる

015 電話を受けるには

16 Plus Pro Pro Max
15 Plus Pro Pro Max

着信

電話がかかってきたときには、画面には相手の電話番号か、連絡先の登録名が表示されます。ほかのアプリを使っているときやスリープの状態でも電話がかかってくると、自動的に着信の画面が表示されます。

操作中の着信

相手の電話番号がここに表示される

ここをタップ

通話が開始される

スリープ中の着信

相手の電話番号がここに表示される

[スライドで応答]のスイッチを右にスワイプ

通話が開始される

Point　着信中にすばやく着信音を消すには

着信中に本体右側面のサイドボタンを押すと、着信音を止めることができます。通話ができる場所に移動してから応答し、通話ができます。

016 使えるメッセージ機能を知ろう

メールとメッセージの基本

iPhoneでは**さまざまな種類のメッセージやメールに対応**し、送信相手の種類や文章の長さ、写真を送るかどうかなどによって、使い分けができます。ここでは主要なメッセージやメールの特徴について、解説します。

電話番号宛てに送れる「SMS」「+メッセージ」

▶使用するアプリ

メッセージ

+メッセージ

▶送信先の例　090-XXXX-XXXX

「SMS」は携帯電話番号を宛先に送受信するメッセージサービスで、［メッセージ］のアプリを使います。SMSを拡張して長い文章や画像をやりとりできるようにした「+メッセージ」は、楽天モバイルを除く携帯電話会社及び一部のMVNO各社で利用できます。

Apple Account宛てに送れる「iMessage」

▶使用するアプリ

メッセージ

▶送信先の例　090-XXXX-XXXX／
　　　　　　　Apple Account

「iMessage」はiPhoneやMacなど、アップル製品同士で利用できるメッセージ機能です。［メッセージ］のアプリを使い、ほかの人のApple AccountやApple Accountに登録している電話番号を宛先にすると、自動的にiMessageとして送信されます。画像や録音した音声などもやり取りできます。

次のページに続く

メールアドレス宛てに送れる「メール」

▶ 使用するアプリ

メール

▶ 送信先の例　　xxxxx@xxxxxx.xxx

「〜 @example.jp」などのメールアドレスを使う一般的なインターネットのメールサービスは、下の表にあるものが利用できます。パソコンで使っているインターネットメールサービスも必要な情報を設定すれば、iPhoneで送受信ができます。

▶ メールサービスの種類

メールの種類	メールアドレスの例	概要
携帯電話会社のメール	〜 @docomo.ne.jp 〜 @au.com 〜 @softbank.ne.jp 〜 @rakumail.jp　など	携帯電話会社が提供するメールサービス。各社の案内する手順で初期設定することで利用できる
iCloud	〜 @icloud.com	アップルが提供するクラウドサービス「iCloud」のメール機能。**ワザ025**でApple Accountを設定すれば、利用できる
Gmail、 Yahoo!メール	〜 @gmail.com、 〜 @yahoo.co.jp	アップル以外の各社が提供するメールサービス。アカウントを設定すると、iPhoneで利用できる
一般的な インターネットメール	〜 @example.jp、 〜 @impress.co.jp　など	プロバイダーや会社のメール。サーバー名やアカウントを設定すれば、iPhoneでもパソコンと同様に使える

Point　携帯電話会社のメールサービスを使っている場合は？

機種変更する前から使っていた携帯電話会社のメールは、各携帯電話会社が案内する手順に従って設定すると、iPhoneの［メール］や［メッセージ］のアプリで使えるようになります。機種変更時にメールサービスの契約を解約していなければ、同じメールアドレスを継続して使うことができます。

017 [メッセージ]でメッセージを送るには

メッセージ

[メッセージ]ではSMSとiMessage、一部の携帯電話会社のメールサービスが利用できます。宛先を入力すると、自動的に最適なメッセージサービスが選択され、本文入力欄などで、どのサービスで送信するのかを確認できます。

❶ [メッセージ]をタップ

[あなたと共有]の画面が表示されたときは、[OK]をタップする

❷ ここをタップ

すでにやり取りしたメッセージの一覧が表示された

Point アニ文字やミー文字って何？

「アニ文字」は、自分の表情を反映したCGアニメーションをiMessageで送信できる機能です。顔のパーツを選び、自分に似せたCGキャラクターを作る「ミー文字」という機能も利用できます。

Point メッセージに写真を添付するには

SMS以外のメッセージには、写真やビデオなどを添付して送信できます。メッセージの作成画面で⊕をタップすると、カメラを起動して、添付する写真を撮影したり、写真ライブラリから添付する写真を選んだり、送信するオーディオ（音声）を録音したりできます。

次のページに続く

❸ここをタップ

❹メッセージを送信する連絡先をタップ

連絡先の詳細画面が表示された

❺送信先をタップ

メッセージの送信先が追加された

↑が緑色のときはSMS、青色のときはiMessageでメッセージが送信される

❻メッセージを入力

❼ここをタップ

メッセージが送信される

018 受信したメッセージを読むには

6 Plus Pro Pro Max
5 Plus Pro Pro Max

メッセージの確認

［メッセージ］がメッセージを受信すると、通知音が鳴り、**新着通知が表示**されます。iPhoneがスリープ状態のときやほかのアプリを使っているときでもメッセージは自動的に受信されます。

標準の設定ではメッセージを受信すると、バナーとバッジで通知される

❶［メッセージ］をタップ

バナーをタップしてもいい

❷表示したいメッセージをタップ

会話のような吹き出しでメッセージが表示された

ここにメッセージを入力すると、返信できる

Point 新着メッセージはロック画面などにも通知が表示される

新着通知がどのように表示されるかは、**ワザ098**で説明している通知の設定内容によります。ロック画面に表示しないようにしたり、通知センターにまとめて表示するかどうかも設定できるので、**自分の使い方に合わせた設定に変更**しましょう。

019 iPhoneでWebページを見よう

Safari

Webページを見るには、ブラウザアプリ[Safari]を使います。キーワードを打ち込んで検索するだけでなく、URLを入力して、Webページを表示することも可能です。はじめて起動したときには、手順2の画面が表示されます。

Webページの表示

❶ [Safari]をタップ

ここでは[お気に入り]に登録されているアップルのWebページを表示する

❷ [Apple]をタップ

Point 新しいタブが自動的に開くこともある

通常、Webページにあるリンクをタップすると、リンク先のWebページに表示が切り替わります。Webページによっては、リンクをタップすると、新たに別のタブが追加され、表示されることがあります。タブの切り替えやタブを閉じたりする操作は、ワザ052を参照してください。

Point 進んだり戻ったりするには左右にスワイプする

Webページを移動するには、画面を左、もしくは右にスワイプします。左端から右にスワイプすると前のページ、逆に右端から左にスワイプすると直前に表示していたページに移動し、表示します。

Point Webページの先頭にすばやく戻れる

ニュースやブログ、検索結果や掲示板など長いページの下段まで読み進めた後、再び、Webページの先頭（最上段）に戻りたいときは、ステータスバー（23ページ）をタップしましょう。一気にWebページの先頭にジャンプして表示されます。ステータスバーをタップして、画面の先頭にジャンプする方法は、［Safari］以外のアプリでも共通の操作なので、覚えておきましょう。

❸リンクをタップ

ここをタップすると、直前に表示していたWebページに戻る

次のページに続く

[Safari]の画面構成

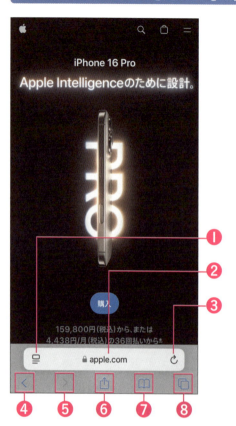

❶ 表示方法についてのメニューを表示できる

❷ URLでWebページを表示したり、キーワードで検索したりできる

❸ 表示されているWebページを再読み込みできる

❹ 直前に表示していたWebページに戻れる

❺ Webページを戻ったとき（❹の操作後）、直前に表示していたWebページに進める

❻ 共有やブックマーク追加などのメニューを表示できる

❼ 登録済みのブックマークやリーディングリスト、履歴を表示できる

❽ タブの切り替えや新しいタブの表示ができる

 Point 「位置情報の使用を許可しますか？」と表示されたときは

最寄りのコンビニエンスストアを検索するときなど、位置情報と連動したWebページでは、「"Safari"に位置情報の使用を許可しますか？」と表示されることがあります。許可をすると、自動的に自分の位置情報がWebページに送信され、周辺の検索結果が出やすくなります。アップルは個人情報の保護を重視しているため、位置情報をWebページに送信するかどうかの許可をユーザーに確認するようになっています。

［アプリの使用中は許可］をタップ

020 Webページを検索するには

16 | Plus | Pro | Pro Max
15 | Plus | Pro | Pro Max

Webページの閲覧

Webページを探し出したいときは、[Safari]の検索フィールドにキーワードを入力して、[開く]をタップします。Googleの検索結果に加えて、キーワードにマッチした情報やブックマークなども表示されます。

ワザ019を参考に、[Safari]を起動しておく

❶ ここをタップ

検索フィールドが表示された

❷ 検索フィールドをタップ

URLが選択状態になり、検索フィールドに文字を入力できる状態になった

❸ キーワードを入力

検索フィールドの上に予測候補が表示される

❹ [開く]をタップ

[英語]のキーボードでは[Go]をタップする

次のページに続く

リンクをタップして、Webページを表示できる

 URLを直接、入力して表示もできる

手順2の検索フィールドには検索ワードだけでなく、URLを直接、入力して、Webページを表示することができます。URLは英数字での入力になるので、ワザ011を参考に、キーボードは［英語］に切り替えて入力します。URLは1文字でも間違えると目的のページを表示できないので、確認しながら入力しましょう。

 Webページ内の文字を検索できる

ニュースや掲示板など、文字の多いWebページ内では、自分が読みたいキーワード、文字を探し出すのも一苦労です。そんなときには、Webページを表示した状態で、検索フィールドにキーワードを入力すると、［このページ］という項目に、そのWebページ内にキーワードと一致する件数が表示されます。さらに［" 〜 "を検索］（〜は入力したキーワード）をタップすると、Webページ内のキーワードが黄色くハイライトで表示され、目的のキーワードを見つけやすくなります。

手順2の画面を表示しておく

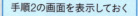
検索するキーワードを入力

キーワードに一致する項目がWebページにあれば、一致した件数が表示される

021 写真を撮影するには

6 Plus Pro Pro Max
5 Plus Pro Pro Max

カメラ・撮影の基本

写真やビデオを撮るための［カメラ］アプリは、ホーム画面だけでなく、ロック画面からも起動できます。［カメラ］は日常の思い出の記録、メモの代わり、QRコード読み取りなどで頻繁に使うので、すばやく起動できるようにしましょう。

［カメラ］の起動

▶ロック画面から起動

画面を左にスワイプ

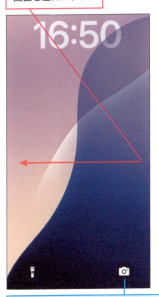

画面右下のアイコンをロングタッチしてもカメラが起動する

▶ホーム画面から起動

［カメラ］をタップ

> **Point** カメラコントロールからも起動できる
> iPhone 16シリーズは右側面の「カメラコントロール」（**ワザ032**）を押すことで、スリープ中や他のアプリ使用中でも［カメラ］をすばやく起動できます。

次のページに続く

できる 57

写真の撮影

位置情報の利用に関する確認画面が表示されたときは、[Appの使用中は許可]をタップする

[フォトグラフスタイル]の画面が表示されたときは、[あとで設定]をタップする

ここではLive Photosをオフにする

❶ Live Photosのアイコンをタップ

Live Photosのアイコンに斜線が表示され、オフになった

❷ ピントと露出を合わせたい場所をタップ

タップした場所にピントと露出が合った

❸ シャッターボタンをタップ

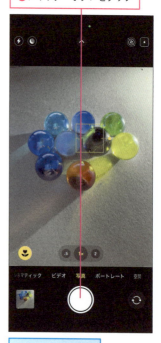

写真が撮影される

 Point　Live Photos って何？

Live Photosは3秒程度の短い動きのある写真を撮る機能です。普通の写真より記録容量が大きくなり、連写ができないなどの制限もあるため、このワザの手順ではオフにしています。

022 写真や動画を表示するには

16 Plus Pro Pro Max
15 Plus Pro Pro Max

写真・動画

写真や動画は、[写真]アプリで見ることができます。iPhoneで撮影した写真だけでなく、スクリーンショットやダウンロードした画像、デジタルカメラから取り込んだ写真なども表示します。写真の編集方法などは第7章で解説します。

❶ [写真]をタップ

通知の送信についての画面が表示されたときは、[許可]をタップする

新機能の説明画面が表示されたときは、[続ける]をタップする

撮影された写真や動画の一覧が表示された

❷ 表示する写真をタップ

次のページに続く

画面を左右にスワイプすると、前後の写真を表示できる

ここをタップすると、写真の一覧に戻る

写真を下にスワイプすると、手順3の画面に戻る

❸画面を上にスワイプ

写真によっては、被写体を［調べる］からインターネット検索できる

Point **写真はさまざまな分類で表示できる**

写真が増えてきたら、撮影地を使う［メモリー］や［旅行］、顔認識を使う「ピープル」などの自動分類機能が便利です。手順2の画面で［すべて］をタップして最新の写真を表示したあと、画面を上にスワイプすると、［メモリー］などを見ることができます。ただし、ある程度の数の写真がないと、［メモリー］などは使えません。画面を下にスワイプしていけば、撮影日時順の一覧表示に戻ります。

第 **2** 章

iPhoneに欠かせない！超基本の設定ワザ

023 Wi-Fi（無線LAN）を設定するには

16 Plus Pro Pro Max
15 Plus Pro Pro Max

Wi-Fi（無線LAN）の設定

iPhoneはモバイルデータ通信ではなく、「Wi-Fi」（無線LAN）でもインターネットに接続できます。Wi-Fi接続時は各携帯電話会社の料金プランのデータ通信量の対象外なので、動画や大容量のデータを安心して、ダウンロードできます。

［設定］の画面の表示

ホーム画面を表示しておく

［設定］をタップ

iPhoneのさまざまな機能はここから設定する

Point **iPhoneの基本設定は［設定］の画面から**

Wi-Fiをはじめ、iPhoneのさまざまな機能の設定は、［設定］の画面から操作します。［設定］の画面には、画面の明るさやプライバシーの設定など、数多くの項目が並んでいますが、誤った設定をすると、iPhoneが正しく動作しなくなるので、不必要な設定変更は控えましょう。

Point Wi-Fi（無線LAN）の接続情報を調べるには

Wi-Fi（無線LAN）に接続するには、無線LANアクセスポイントの名前（SSID）やパスワード（暗号化キー）が必要です。下で説明しているように、Wi-Fiの接続情報は無線LAN機器本体に記載されています。会社などの無線LANに接続する方法は、社内のシステム担当者に問い合わせましょう。

Point QRコードで簡単に接続できる製品もある

無線LANアクセスポイントには設定用のQRコードが記載されていることがあります。[カメラ]アプリ（ワザ021）を起動し、QRコードに向け、表示された[ネットワーク"〇△□"に接続]をタップして、[接続]を選択すると、接続設定が完了します。購入後に無線LANアクセスポイントの暗号化キーを変更したときは、手動で設定します。

Wi-Fi（無線LAN）の設定

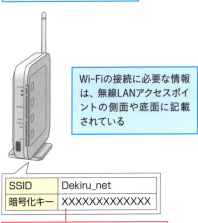

◆無線LANアクセスポイント
アクセスポイントや無線LANルーターとも呼ばれる

Wi-Fiの接続に必要な情報は、無線LANアクセスポイントの側面や底面に記載されている

SSID	Dekiru_net
暗号化キー	XXXXXXXXXXXXX

❶アクセスポイントの名前（SSID）とパスワード（暗号化キー）を確認

前ページを参考に、[設定]の画面を表示しておく

❷[Wi-Fi]をタップ

次のページに続く

❸ [Wi-Fi]のここをタップして、オンに設定

❹ 利用するアクセスポイントをタップ

 Point **Wi-Fi（無線LAN）のオン/オフをすばやく切り替えるには**

Wi-Fi（無線LAN）は右上隅から下方向にスワイプして表示される「コントロールセンター」(ワザ011)でオン/オフができます。ただし、コントロールセンターでWi-Fiをオフにしても無線LANアクセスポイントとの接続が切断されるだけで、一部の機能はWi-Fiによる通信を行なわれます。完全にWi-Fiによる通信をオフにしたいときは、手順3のように、[設定]アプリの[Wi-Fi]でオフにするか、コントロールセンターの「Wi-Fi」（ 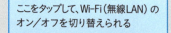 ）をロングタップして、右で[Wi-Fi]をタップして、オフに切り替えます。コントロールセンターの[機内モード]（✈）をオンにして、すべての通信をオフにすることもできます。

ここをタップして、Wi-Fi(無線LAN)のオン/オフを切り替えられる

❺ パスワードを入力

❻ ［接続］をタップ

ステータスバーにWi-Fiのアイコンが表示された

次回以降、接続済みの無線LANアクセスポイントが周囲にあると、自動的に接続される

Point　Wi-Fi（無線LAN）につながらないときは

無線LANアクセスポイントの電波が届く範囲にいるのに、接続できないときは、Wi-Fiのパスワードが間違っていたり、無線LANアクセスポイントのパスワードが変更されているなどの可能性があります。手順4の画面でネットワーク名の右の ⓘ をタップし、一度、設定を削除してから、あらためて設定をやり直し、正しいパスワードを入力しましょう。

Point　Wi-Fi（無線LAN）のパスワードを家族と共有するには

いっしょに居る家族や友だちが手順4の画面で接続したいネットワークをタップしたとき、自分のiPhoneにアクセスポイントのパスワードを共有するかを確認する画面が表示されることがあります。［パスワードを共有］をタップすると、相手のiPhoneにパスワードを転送できます。パスワードを共有するには、相手の［連絡先］アプリに、自分のApple Accountを含む連絡先が登録されている必要があります。

024 iPhoneを使うためのアカウントを理解しよう

16 Plus Pro Pro Max
15 Plus Pro Pro Max

アカウントの設定

iPhoneの機能の多くは、インターネットで提供されているさまざまなサービスを利用します。これらのサービスを利用するには、各サービスの「アカウント」が必要です。iPhoneを使うために必要なアカウントについて、解説します。

「アカウント」とは？

「アカウント」はインターネットで提供されるさまざまなサービスを利用するときに使う個人の識別情報で、一種の会員情報に相当します。アカウントは各サービスごとに取得し、「アカウント名」と「パスワード」をセットで利用します。アカウント名は「ユーザーID」や「ユーザー名」とも呼ばれ、メールアドレスを利用したり、英数字などの組み合わせた文字列を作成するサービスもあります。アカウントは個人を識別する情報のため、すでにほかの人が取得済みのアカウント名と同じものは作成できません。パスワードはアカウントと組み合わせて認証するためのもので、暗証番号と同じ位置付けのものなので、第三者に知られないように注意が必要です。iPhoneではアップルのサービスを利用するための「Apple Account」（従来は「Apple ID」）、各携帯電話会社のサービスでは「dアカウント」「au ID」「SoftBank ID」「楽天ID」などを利用しますが、携帯電話番号をアカウントとして利用するサービスもあります。

▶ アカウントの仕組み

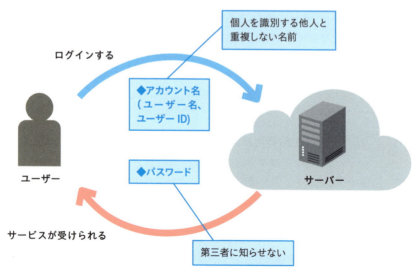

アップルのサービスを使うためのApple Account

アップルが提供するサービスを利用するためのアカウントが「Apple Account」です。従来の「Apple ID」から名称が変更されました。iPhoneで利用する「iCloud」や「App Store」をはじめ、iMessageの送受信、iTunes Storeでの音楽や映画の購入、Apple Storeでの購入などに使います。Apple Accountの新規作成やiPhoneへの設定については、次のワザ025で解説します。

Apple Accountでできること

- iCloudのメールやバックアップの利用
- App StoreやiTunes Storeでアプリや楽曲をダウンロード
- iPadやMacなどのアップル製デバイスとの連係
- iMessageの送受信やFaceTimeの発着信
- オンラインのApple Storeでの商品購入

携帯電話会社のサービスを利用するためのアカウント

iPhoneを携帯電話会社と契約して利用するには、各携帯電話会社のアカウントが必要です。NTTドコモでは「dアカウント」、auとUQモバイルでは「au ID」、ソフトバンクとワイモバイルでは「SoftBank ID」、楽天モバイルでは「楽天ID」を利用します。いずれも各携帯電話会社との契約時や利用開始時に無料で取得できます。機種を買い換えたときなどは、そのまま従来のアカウントを継続して利用できます。各携帯電話会社のアカウントは、各社で提供されるメールやコンテンツなどのサービスで必要になるほか、各社のコード決済サービスの認証などにも使われます。

携帯電話会社のアカウントの共通した仕組み

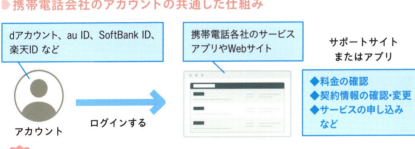

Point ほかにどんなアカウントがあるの？

インターネットでは各サービスごとにアカウントが必要です。たとえば、SNSのFacebookやX（旧Twitter）もアカウントを作成して利用します。ひとつのアカウントで複数のサービスが利用できるものもあり、Googleアカウントはメールの「Gmail」や写真を保存する「Googleフォト」などが利用できます。ひとつのアカウントで、他社のサービスで利用できるものもあります。

025 Apple Accountを作成するには

16 Plus Pro Pro Max
15 Plus Pro Pro Max

Apple Accountの設定

iPhoneでアップルが提供するiCloudやFaceTime（ワザ042）などのサービスを使ったり、App Store（ワザ060）でアプリをダウンロードするには、「Apple Account」（従来のApple ID）が必要です。Apple Accountを作成し、iPhoneに設定しましょう。

ワザ023を参考に、［設定］の画面を表示しておく

❶ ［Apple Account］をタップ

❷ ［Apple Accountをお持ちでない場合］をタップ

［手動でサインイン］をタップして、メールアドレスとパスワードを入力すると、サインインできる

Point Apple Accountをすでに持っているときは

これまでiPhoneやMacを使っていて、すでにApple Accountを持っているときは、新規に作成する必要はありません。手順2の画面で、［手動でサインイン］からApple Accountを入力してください。

[名前と生年月日]の画面が表示された

❸姓を入力 ❹名を入力

❺生年月日の欄をタップ

❻生年月日の年月をタップ

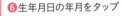

❼ここを上下にスワイプして、生年月日を設定

続いて、生年月日の日付を設定する

❽生年月日の欄を2回タップ

❾日付をタップ

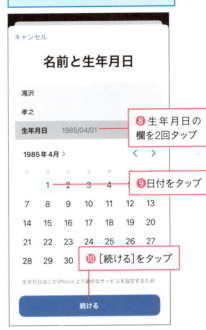

❿[続ける]をタップ

ここではiCloudのメールアドレスを新規作成する

⓫[メールアドレスを持っていない場合]をタップ

ここをタップすると、アップルからのニュースメールをオフにできる

次のページに続く

[メールアドレスを持っていない場合]と表示された

⓬ [iCloudメールアドレスを入手]をタップ

新規のメールアドレスが入力できる状態になった

⓭ 希望するメールアドレスを入力

⓮ [続ける]をタップ

メールアドレス作成の確認画面が表示された

⓯ [メールアドレスを作成]をタップ

Apple Accountのパスワードを入力する画面が表示された

⓰ 希望するパスワードを入力

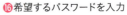

⓱ もう一度、同じパスワードを入力

⓲ [続ける]をタップ

Point | Apple Accountにはどの電話番号を設定すればいいの？

このページの左にある手順19では、電話番号を登録しています。通常はiPhoneの電話番号が表示されますが、ほかの携帯電話番号や自宅などの固定電話の電話番号も登録できます。ただし、登録した電話番号は次ページで説明する「2ファクタ認証」で利用するため、いつでも着信を受けられる電話番号を登録しましょう。

[電話番号]の画面が表示された

❶⓽ [続ける]をタップ

表示された番号とは違う電話番号を使うときは、[別の電話番号を使用する]をタップする

[利用規約]の画面が表示された

❷⓪ 利用規約の内容を確認

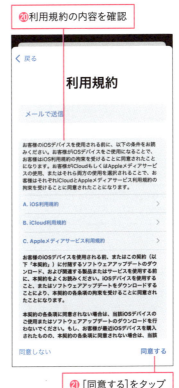

❷① [同意する]をタップ

次のページに続く

[Apple Account]の画面が表示された

続けて、**ワザ026**でiCloudのバックアップの設定を確認する

 Point なぜ電話番号が必要？

Apple Accountを使い、新しいiPhoneやほかの機器でサインインするときは、パスワードを含め、2種類の本人確認情報を求められます。この認証方法は「2ファクタ認証」と呼ばれ、万が一、パスワードが漏洩しても2つ目の認証が要求されるため、不正アクセスを防止できます。2ファクタ認証を使うときは、パスワードに加えて、確認コードの入力が必要になります。71ページの手順19で設定した電話番号にSMSで確認コードが送られてくるので、iPhoneの画面や[メッセージ]アプリで確認して、入力します。

 Point iPhoneの連絡先などをiCloud上に統合できる

すでにiPhoneに連絡先などの情報が保存されていて、iCloudの利用を開始すると、「iCloudにアップロードして結合します。」と表示されることがあります。ここで[結合]をタップすると、iPhoneに保存されている連絡先やリマインダーなどの情報は、iCloud上のデータと統合され、以後は自動的にiCloudに保存されます。

[結合]をタップすると、iPhoneの連絡先やカレンダーなどの情報がiCloudに統合される

026 iCloudのバックアップを有効にするには

iCloudの設定

iPhoneにApple Accountを設定すると、アップルが提供するクラウドサービス「iCloud」を利用できます。iCloudは連絡先や写真、各アプリのデータなどを保存したり、他の機器とデータを同期でき、最大5GBまで無料で利用できます。

iCloudを使ってできること

iCloudには連絡先やカレンダー、ブックマーク、写真、各アプリのデータ、iTunes Storeで購入した音楽などをiCloudのサーバーに保存できます。保存されたデータは同じApple Accountを設定した他の機器と同期され、同じデータを扱えます。また、**iPhoneのデータをバックアップ**したり、**iPhoneのインターネット経由での探索や端末のロック**などの操作もでき、iPhoneの紛失に備えることができます。iCloudで設定される「○△□@icloud.com」は、メールアドレスとしても使えます。

iCloudのバックアップを利用し、インターネット経由でiPhoneを復元できる

購入したアプリやコンテンツを複数の機器で共有できる

電源に接続し、スリープ状態でWi-Fi(無線LAN)に接続しているときに、自動でiPhoneのバックアップがiCloudに作成される

iCloudにある電話帳、カレンダー、写真などのデータを複数の機器で同期できる

※パソコンのiTunesとiCloudでは、バックアップできる内容が異なる。詳しくは264ページのPointを参照

次のページに続く

iCloudでのバックアップ

ワザ023を参考に、Wi-Fi（無線LAN）に接続しておく

iPhoneを電源に接続しておく

ワザ023を参考に、［設定］の画面を表示しておく

❶アカウント名をタップ

[Apple Account]の画面が表示された

❷［iCloud］をタップ

❸［iCloudバックアップ］がオンになっていることを確認

オフになっているときはタップして、［iCloudバックアップ］をオンにする。［iCloudバックアップを開始］の画面で、［OK］をタップする

 Point バックアップを手動で作成できる

iCloudへのバックアップはWi-Fi（無線LAN）と電源に接続されているときに、1日1回の間隔で、自動的に実行されます。手順4で［iCloudバックアップ］をタップし、［今すぐバックアップを作成］をタップすると、手動でもバックアップを作成できます。

027 携帯電話会社の初期設定をするには

16 Plus Pro Pro Max
15 Plus Pro Pro Max

携帯電話会社の設定

各携帯電話会社と契約して、iPhoneを利用するには、各携帯電話会社のサービス仕様に合わせた初期設定が必要です。各社のサイトから「プロファイル」と呼ばれる設定ファイルをダウンロードして、iPhoneにインストールします。

NTTドコモでの初期設定

STEP 1 プロファイルのダウンロード

ワザ023を参考に、Wi-Fi（無線LAN）をオフにしておく。Safariで［My docomo］を表示し、［ドコモメール利用設定サイト］からプロファイルをダウンロードする。

▼ドコモメール利用設定サイト

STEP 2 プロファイルのインストール

STEP 1でドコモメール利用設定サイトからダウンロードしたプロファイルをインストールする。⇒77ページ

STEP 3 dアカウントとパスワードの確認

［dアカウント設定］アプリをインストールし、dアカウントを設定する。契約時に登録したネットワーク暗証番号を使って設定する。⇒78ページ

auでの初期設定

STEP 1 プロファイルのダウンロード

ワザ023を参考に、Wi-Fi（無線LAN）をオフにしておく。Safariで［auサポート］を表示し、［iPhone設定ガイド］にある［メール初期設定］からプロファイルをダウンロードする。

▼メール初期設定

STEP 2 プロファイルのインストール

STEP 1でメール初期設定からダウンロードしたプロファイルをインストールする。⇒77ページ

STEP 3 au IDとパスワードの確認

［My au］アプリをインストールし、au IDを設定する。⇒78ページ

次のページに続く

ソフトバンクでの初期設定

STEP 1 プロファイルのダウンロード

ワザ023を参考に、Wi-Fi（無線LAN）をオフにしておく。Safariで［一括設定］を表示し、［同意して設定開始］をタップする。ソフトバンクから届いたSMSを表示し、SMSにある［同意して設定］のURLをタップしてプロファイルをダウンロードする。

▼一括設定

STEP 2 プロファイルのインストール

STEP 1でソフトバンクのSMSを使ってダウンロードしたプロファイルをインストールする。⇒77ページ

STEP 3 SoftBank IDとパスワードの確認

Safariを使い、［My SoftBank］のWebサイトを表示する。［My SoftBank］にログインし、SoftBank IDを確認する。⇒79ページ

楽天モバイルでの初期設定

STEP 1 iPhoneにSIMをセットする

楽天モバイルのSIMをiPhoneにセットする。**ワザ023**を参考に、Wi-Fi（無線LAN）をオフにする。**ワザ004**を参考に、ステータスアイコンの電波にアンテナのバーと［4G］または［5G］と表示されていることを確認する。

「キャリア設定をアップデートしてください」と表示された

iPhoneに楽天モバイルのSIMをセットして、［キャリア設定アップデート］の画面が表示されたときは、［アップデート］をタップして、アップデートを実行しましょう。

STEP 2 楽天IDの設定

App Storeから［my楽天モバイル］アプリをインストールし、楽天IDをアプリに設定する。⇒79ページ

プロファイルのインストールって必要なの？

iPhoneに各携帯電話会社のSIMカード（nanoSIM及びeSIM）を装着すれば、インターネットに接続できますが、プロファイルをインストールすることにより、各携帯電話会社が提供するメールの設定ができたり、各社サービスのアプリのショートカットがインストールされるなど、各社のサービス仕様に合わせた設定が行なわれます。不要なものは後で削除できるので、まずはプロファイルをインストールしておきましょう。

プロファイルのインストール

❶ **ワザ023**を参考に、[設定]の画面を表示

❷ [ダウンロード済みのプロファイル]をタップ

iPhone利用設定のプロファイルをインストールする画面が表示された

❸ [インストール]をタップ

❹ [インストール]をタップ

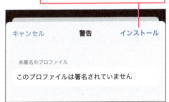

❺ [インストール]をタップ

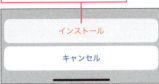

インストールされたプロファイルが表示された

❻ [完了]をタップ

[VPNとデバイス管理]の画面が表示され、プロファイルのインストールが完了した

❼ 下から上にスワイプ

プロファイルがインストールされ、携帯電話会社のアプリやサービスのアイコンが表示された

次のページに続く

dアカウントの設定

STEP 1　[dアカウント設定] アプリの準備

App Storeから [dアカウント設定] アプリをインストールする。プロファイルがインストールされているときは、ホーム画面のショートカットアイコンからインストールできる。

▼[dアカウント設定]アプリ

STEP 2　アプリにdアカウントを設定する

ワザ023を参考に、Wi-Fi（無線LAN）をオフにしておく。インストールされた [dアカウント設定] アプリを起動し、[ご利用中のdアカウントを設定] をタップする。設定されているdアカウントと電話番号を確認し、ネットワーク暗証番号を入力する。dアカウントを作成していないときは、[新たにdアカウントを作成] をタップし、ネットワーク暗証番号を入力する。

STEP 3　dアカウントの設定を完了する

アプリにdアカウントが設定されると、[dアカウント設定完了] 画面が表示される。表示された画面で生体認証やパスキーを設定することで、dアカウントを安全かつ簡単に使えるようになる。

Point　[My docomo]アプリもインストールしておこう

[dアカウント設定]アプリと同様の手順で、手順1の画面で [My docomo] アプリもインストールしておくことをおすすめします。料金やデータ通信量の確認、各種手続きを行なうことができます。

au IDの設定

STEP 1　[My au] アプリの準備

App Storeから [My au] アプリをインストールする。プロファイルがインストールされているときは、ホーム画面のショートカットアイコンからインストールできる。

▼[My au]アプリ

STEP 2　アプリにau IDを設定する

ワザ023を参考に、Wi-Fi（無線LAN）をオフにしておく。インストールされた [My au] アプリを起動し、[au IDでログインする] をタップする。au IDを入力し、[次へ] をタップしてau IDのパスワードを入力する。

STEP 3　au IDの設定を完了する

アプリにau IDが設定されると、[My au] アプリのトップ画面が表示される。

SoftBank IDの設定

STEP 1　[My SoftBank]のWebサイトを表示

▼[My SoftBank] Webページ

ワザ023を参考に、Wi-Fi（無線LAN）をオフにしておく。プロファイルがインストールされている場合は、ホーム画面のショートカットアイコンから[My SoftBank]のWebページを表示する。

STEP 2　[My SoftBank]にログインする

[My SoftBank にログインする]をタップする。ログインが完了すると、トップ画面が表示される。[My SoftBank]の右上にある[メニュー]をタップし、[アカウント管理]画面をスクロールし、[SoftBank ID]の[確認する]をタップすると、SoftBank IDが表示される。

Point　SoftBank IDのパスワードを設定するには

SoftBank IDのパスワードを使うと、Wi-Fi経由やパソコンからも「My SoftBank」を利用できるようになります。SoftBank IDのパスワードがわからなくなったときや変更したいときは、手順の画面にある[パスワード変更]で[変更する]をタップし、契約時に設定した4桁の暗証番号を入力すると、新しいパスワードを設定できます。

楽天IDの設定

STEP 1　[my 楽天モバイル]アプリの準備

▼[my楽天モバイル] アプリ

App Storeから[my楽天モバイル]アプリをインストールする。

STEP 2　アプリに楽天IDを設定する

インストールされた[my楽天モバイル]アプリを起動し、楽天IDとパスワードを入力する。ログインが完了し、表示されたトップ画面の右上にあるメニューをタップし、ダウンロードされたPDFから楽天モバイルIDを確認できる。

Point　楽天IDと楽天モバイルIDは違うもの

[my 楽天モバイル]アプリにログインするときに入力する「楽天ID（ユーザーID）」は、楽天市場などで楽天会員登録をしたときのIDで、楽天モバイルをはじめ、楽天グループの各サービスを利用するときに必要です。「楽天モバイルID」は楽天モバイルの契約者ごとに登録されたIDで、「スマホ交換保証プラス＆家電補償」の利用時などに必要です。それぞれ別のIDなので、間違えないように注意しましょう。

028 補償サービスを申し込むには

16 Plus Pro Pro Max
15 Plus Pro Pro Max

補償サービス

iPhoneを使っていると、落下などで破損することがあります。万が一のときに備え、アップルや各携帯電話会社が提供する補償サービスに申し込んでおくと、安心です。補償サービスは基本的に**iPhoneの購入時のみに申し込む**ことができます。

アップルと各携帯電話会社の補償サービス

iPhoneは常に持ち歩くため、落下や水没などで破損することがあります。iPhoneの修理は破損内容にもよりますが、数万円以上の高額になることもあります。そこで、アップルや各携帯電話会社では、**修理費を割り引いたり、整備済み品への交換などが依頼できる補償サービスを提供**しています。iPhoneのモデルや補償内容によって、料金が違い、支払いはアップルが購入時からの2年払いと月額払い、各携帯電話会社が月額払いに対応しています。いずれも**新品購入時にしか申し込めない**うえ、解約すると、再申し込みができないので、注意が必要です。

プラン種別			iPhone 16 iPhone 15	iPhone 16 Plus iPhone 15 Plus	iPhone 16 Pro/ProMax iPhone 15 Pro/ProMax
アップル	AppleCare+	月額	1,180円	1,380円	1,580円
		2年間	23,800円	28,800円	31,800円
	AppleCare+ 盗難・紛失プラン	月額	1,340円	1,540円	1,740円
		2年間	26,800円	31,800円	34,800円
NTT ドコモ	AppleCare+	月額	1,180円	1,380円	1,580円
	AppleCare+ 盗難・紛失プラン	月額	1,340円	1,540円	1,740円
	smartあんしん補償	月額	880円	880円	1,100円
au	故障紛失サポート with AppleCare Services & iCloud+	月額	1,370円	1,560円	1,740円
ソフト バンク	あんしん保証パック with AppleCare Services	月額	1,450円	1,650円	1,850円
楽天 モバイル	故障紛失保証 with AppleCare Services & iCloud+	月額	1,310円	1,490円	1,650円

※すべて税込

第 3 章

知っておきたい！
iPhone 16＆15の最新ワザ

029 ホーム画面を使いやすく設定しよう

16 Plus Pro Pro Max
15 Plus Pro Pro Max

ホーム画面のカスタマイズ

2024年秋に提供開始となったiPhone向けの最新の基本ソフトウェア(iOS 18)では、**ホーム画面のアイコン配置や色合いの調整**など、新しい機能が加わりました。以前からiPhoneを使っている人も新機能を確認しておきましょう。

アイコンの移動

ホーム画面を表示しておく

❶壁紙をロングタップ

ホーム画面が編集できるようになった

❷アプリのアイコンをドラッグ

 Point 好きな位置にアイコンを置ける

従来はアイコンは左上から詰めるようにしか配置できませんでしたが、最新版では画面右下など、タップしやすい位置や壁紙が見やすい位置に自由にアイコンを配置できるようになりました。

壁紙の写真を意識して、アイコンを配置できる

❸[完了]をタップ

ホーム画面の編集が完了する

アイコンを大きく表示

前ページの手順1を参考に、ホーム画面を編集できるようにしておく

❶ [編集]をタップ

❷ [カスタマイズ]をタップ

ホーム画面のアイコンを設定する画面が表示された

❸ [大]をタップ

アイコンが大きくなった

❹ ここをタップ

Point ホーム画面の色合いを変更できる

アプリアイコンの色調を変更できます。[ダーク]は対応アプリのアイコンを暗い基調に変更し、[色合い調整]はすべてのアイコンを指定した色合いに変更します。

手順3の画面を表示しておく

[色合い調整]をタップ

スライダーをドラッグして色合いを変更できる

030 安全にパスワードを管理するには

[パスワード]アプリ

各オンラインサービスの不正利用を防ぐには、長くて複雑なパスワードをサービスごとに使い分けるのが理想ですが、長いパスワードをいくつも管理するのは大変です。iPhoneのパスワード管理アプリの[パスワード]で管理しましょう。

パスワードの保存

ここではSafariでログインしたWebサイトのパスワードを保存する

❶ WebサイトのIDとパスワードを入力

❷[ログインする]をタップ

❸[パスワードを保存]をタップ

パスワードが保存されたというメッセージが表示される

Point　パスワードを保存しても大丈夫？

[パスワード]に保存された情報は、iPhoneにロックがかけられていれば、アップルや専門機関でも容易にデータを取り出せないレベルのセキュリティが確保されています。パスコード（**ワザ090**）とFace ID（**ワザ091**）は必ず適切に設定し、紛失や盗難、パスコード入力の盗み見などには、普段から十分に気をつけるようにしましょう。

保存されたパスワードの利用

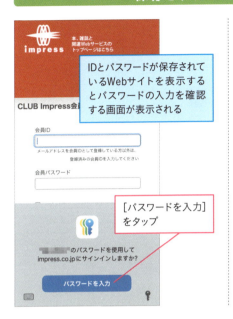

IDとパスワードが保存されているWebサイトを表示するとパスワードの入力を確認する画面が表示される

[パスワードを入力]をタップ

保存されていたIDとパスワードが入力された

パスワードの生成

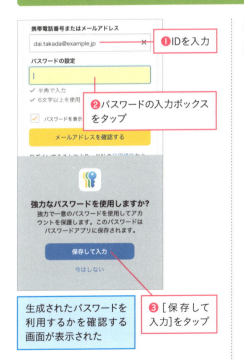

❶IDを入力

❷パスワードの入力ボックスをタップ

生成されたパスワードを利用するかを確認する画面が表示された

❸[保存して入力]をタップ

生成されたパスワードが入力され、保存された

次のページに続く

保存されたパスワードの管理

 ワザ007を参考に、[パスワード]アプリを起動しておく

❶パスコードを入力

[ようこそパスワードアプリへ]画面が表示されたときは[続ける]をタップ

[パスワードアプリの通知]画面が表示されたときは、[続ける]をタップし、通知を設定しておく

❷[すべて]をタップ

❸保存されたパスワードをタップ

保存されたWebサイトとIDが表示された

[編集]をタップすると、編集や削除ができる

[パスワード]をタップすると、パスワードの表示とコピーができる

Point アプリ上でパスワードを作成することもできる

[パスワード]アプリでは下記の手順で、ユーザー名とパスワードを手動で記録できます。[パスワード]アプリは紙のメモ帳よりも安全性が高く、手元にiPhoneがあれば、いつでも参照できるので、宅配ロッカーの暗証番号やゲーム機で使うパスワードなどの記録にも便利です。

手順3の画面で右下の[+]をタップすると、[新規パスワード]画面が表示される

031 留守番電話に保存された伝言を文字で確認するには

16 Plus Pro Pro Max
15 Plus Pro Pro Max

ライブ留守番電話

iOS 18では「ライブ留守番電話」という機能が追加されました。不在着信時などに応答する留守番電話機能ですが、相手が残した伝言メッセージの内容が自動的に文字起こしされ、テキストで確認することができます。

ライブ留守番電話で伝言を保存

着信画面が表示され、一定時間経過すると、自動的に留守番電話に切り替わる

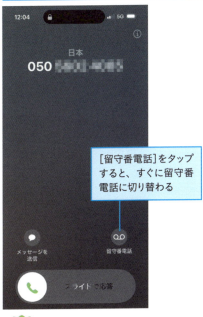

[留守番電話]をタップすると、すぐに留守番電話に切り替わる

留守番電話の実行中は[留守番電話]と表示される

留守番電話に伝言が保存されると、伝言の内容が通知に表示される

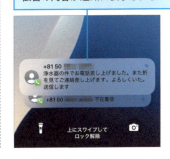

Point 携帯電話会社の留守番電話サービスを利用しているときは

iPhoneで「ライブ留守番電話」が利用できるときは、各携帯電話会社で契約している留守番電話サービスを解約してもかまいません。ただし、「ライブ留守番電話」はiPhoneが圏外や電源が切れているときに利用できないので、そういったシーンでも利用したいときは各携帯電話会社の留守番電話サービスの契約を検討しましょう。

次のページに続く

保存された伝言の確認

ワザ007を参考に、［電話］アプリを起動しておく

未確認の伝言があると、赤いアイコンで件数が表示される

❶［留守番電話］をタップ

保存された伝言の一覧が表示された

❷伝言をタップ

保存された伝言が再生された

伝言の内容から文字起こしされたテキストが表示された

Point　録音ファイルは共有できる

手順2で伝言テキストを表示している画面で、右上の📤をタップすると、録音ファイルをメールなどに添付できます。伝言内容を他の人と共有したいときに便利です。

Point　ライブ留守番電話が使えないときは

ライブ留守番電話は［設定］アプリの［アプリ］-［電話］の［ライブ留守番電話］がオンのときに利用できます。また、携帯電話会社の転送サービスなどが先に機能していないことも確認しましょう。

032 カメラコントロールを使いこなすには

カメラコントロール

iPhone 16シリーズは右側面に「カメラコントロール」が搭載されています。スリープ中や他のアプリを使っているときでもすぐ[カメラ]を起動でき、シャッターボタンとしても使えるので、シャッターチャンスを逃しません。

カメラの起動と撮影

▶カメラの起動

- 画面のロックを解除しておく
- カメラコントロールを押す
- [カメラ]アプリが起動する

▶写真の撮影

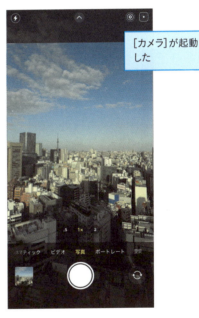

- [カメラ]が起動した

- カメラコントロールを押す
- 写真が撮影される

次のページに続く

Point カメラコントロールは縦でも横でも使える

ここでは縦画面でカメラコントロールを表示していますが、iPhoneを**横向きに構えたときも同じ位置に表示**されます。一般的なカメラのシャッターと同様の位置なので、操作がしやすくなっています。

カメラコントロールの表示と設定調整

▶カメラコントロールの表示

[カメラ] アプリを起動しておく

❶カメラコントロールにタッチ

タッチが認識されると、わずかにiPhoneが振動する

カメラコントロールが表示された

はじめて表示したときはズーム倍率が表示される

▶設定調整

左の手順を参考に、カメラコントロールを表示しておく

❷カメラコントロールを上にスライド

ズーム倍率が変更された

設定の切り替え

前ページの手順を参考に、カメラコントロールを表示しておく

❶カメラコントロールに2回タッチ

切り替えられる設定のアイコンが表示された

❷カメラコントロールを上にスライド

設定のアイコンが切り替わった

❸カメラコントロールにタッチ

設定が選択され、調整できるようになった

▶ カメラコントロールで調整できる設定

アイコン	設定	アイコン	設定
土	露出	◎	カメラ
f	被写界深度	▦	スタイル
⌘	ズーム	▢	トーン

次のページに続く

動画の撮影

[カメラ]アプリを起動しておく

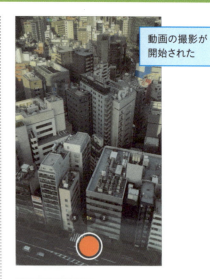

動画の撮影が開始された

❶カメラコントロールを長押し

❷カメラコントロールから指を離す

動画の撮影が終了した

> **Point** [カメラ]の起動方法は変更できる
>
> [設定]の画面の[カメラ]-[カメラコントロール]では、カメラを起動する操作について、1回押し（シングルクリック）か、2回押し（ダブルクリック）かを設定できます。誤操作が多いときは、2回押しに設定しましょう。

033 充電中に便利な情報を表示しておくには

スタンバイ

充電中のiPhoneを横向きに置くと、ロック画面の代わりに、時計やカレンダー、天気予報、iPhoneに保存された写真などが表示される「スタンバイ」という機能が自動的に起動します。机やベッドサイドなどに置くと、便利です。

スタンバイへの切り替え

❶ iPhoneを横向きにする

❷ 充電器に接続されたUSB-C充電ケーブルをiPhoneに接続

[ようこそスタンバイへ] 画面が表示されたときは [続ける] をタップしておく

スタンバイに切り替わり、時計カレンダーが表示される

❸ 左にスワイプ

iPhoneに保存された写真が表示された

❹ 左にスワイプ

時計が表示される

Point　スタンバイに切り替わらないときは

スタンバイの画面は、iPhoneが充電されている状態で、横向きの状態で45～90度の角度に立ち上がっていないと表示されません。常時点灯に対応するProモデル以外では自動消灯し、画面をタップすると、表示されます。

次のページに続く

ウィジェットの切り替え

左方向にスワイプし、時計とカレンダーを表示しておく

カレンダーを上にスワイプ

天気予報に切り替わった

 Point **ウィジェットを追加できる**

スタンバイに表示するウィジェットは、以下の手順で追加することができます。App Storeでアプリをダウンロードすると、追加できるウィジェットが増えることもあります。ニュースや天気など、さまざまなウィジェットがあるので、自分に使いやすいウィジェットを設定しましょう。

❶ カレンダーをロングタップ

❷ [+]をタップ

ウィジェットの追加画面が表示された

034 USBメモリーとファイルをやり取りするには

写真の書き出し／［ファイル］アプリ

USB-Cで接続できるUSBメモリーであれば、パソコンのように、USBメモリー上のファイルをiPhoneで確認したり、写真をコピーしたりできます。人とのファイルのやり取りやコンビニでのプリントなどに利用することもできます。

iPhoneの写真をUSBメモリーに保存

❶ USBメモリーをiPhoneのUSB-C端子に接続

ワザ022を参考に、写真を表示しておく

❷ 写真をタップ

❸ ここをタップ

共有メニューが表示された

❹ メニューを上にスワイプ

❺ ［未編集のオリジナルを書き出す］をタップ

保存先を選択する

❻ ［ブラウズ］をタップ

次のページに続く

Point 接続できるUSBメモリー側の端子を知っておこう

iPhone 16/15シリーズの外部接続端子は、**USB-C（USB Type-C）**という規格に対応しています。USB-C対応のUSBメモリーならばそのまま使えますが、USB Type-AのUSBメモリを使うには変換アダプタが必要です。

| 保存先の一覧が表示された | USBメモリーが選択された |

❼ [(USBメモリー名)]をタップ

❽ [保存]をタップ

USBメモリーに写真が保存される

USBメモリーに保存されたファイルの確認

ワザ007を参考に、[ファイル]アプリを起動しておく

❶ [ブラウズ]をタップ

❷ [ブラウズ]をタップ

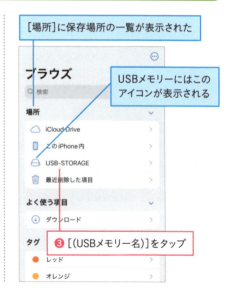

[場所]に保存場所の一覧が表示された

USBメモリーにはこのアイコンが表示される

❸ [(USBメモリー名)]をタップ

Point 接続したUSBメモリーが表示されないときは

USBメモリーのフォーマットがNTFS形式のときは、iPhoneが対応していないため、正しく認識されません。USBメモリーに保存されたファイルをパソコンに退避させ、USBメモリーをexFAT形式などでフォーマットし直し、パソコンからファイルをUSBメモリーにコピーし直して、iPhoneに接続してみましょう。

USBメモリーに保存されたファイルが表示された

❹ファイルをタップ

ここでは写真が表示された

❺ファイルをタップ

❻[完了]をタップ

前ページの手順3の画面に戻る

Point ファイルをiPhoneにコピーするには

手順6の画面でをタップすると、共有メニューが表示されます。対応アプリで開けるほか、「画像を保存」や「"ファイル"に保存」でiPhoneにコピーできます。

手順6の画面でをタップ

共有メニューからファイルの保存などができる

Point デジタルカメラの写真をコピーするには

デジタルカメラの写真もUSB-C接続のメモリカードリーダーやカメラを接続できるUSB-Cケーブルがあれば、[写真]アプリを使い、iPhoneの写真ライブラリに取り込むことができます。

ワザ022を参考に、[写真]アプリを起動しておく

デバイスに接続されたデジタルカメラのメモリーカードが表示される

035 コントロールセンターを使いやすく設定するには

16 Plus Pro Pro Max
15 Plus Pro Pro Max

コントロールセンターのカスタマイズ

コントロールセンター（**ワザ009**）は**各機能の配置**や**サイズ**を変えたり、**機能を追加**したりできます。よく使う機能を大きくしたり、使わない機能は削除したりして、自分好みにカスタマイズしてみましょう。

コントロールの移動

ワザ009を参考に、コントロールセンターを表示しておく

❶ [+]をタップ

コントロールの編集画面が表示された

❷ コネクティビティのコントロールをロングタップ

❸ コントロールをドラッグ

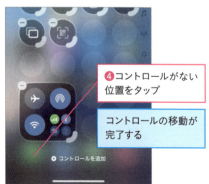

❹ コントロールがない位置をタップ

コントロールの移動が完了する

コントロールのサイズ変更

前ページの手順を参考に、コントロールの編集画面を表示しておく

コントロールのサイズが変更された

ハンドルを右にドラッグ

前ページの手順を参考に、コントロールの移動を完了しておく

 Point コントロールを追加できる

コントロールセンターにはさまざまな機能（コントロール）を追加できます。「機内モード」や「ダークモード」のように設定を変更するものもあれば、「フラッシュライト」のような特別な機能のものもあります。また、「ボイスメモ」はタップした瞬間に録音が開始されるなど、アプリを普通に起動するよりすばやく操作できるコントロールもあります。

コントロールの編集画面を表示しておく

コントロールの一覧が表示された

[コントロールを追加]をタップ

コントロールをタップすると、追加できる

036 アクションボタンを使いこなすには

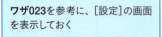

アクションボタン

iPhone 16シリーズとiPhone 15 Pro/15 Pro Maxには、左側面に「アクションボタン」が搭載されています。アクションボタンには任意の機能やアプリを割り当てることが可能です。

ワザ023を参考に、[設定]の画面を表示しておく

❶[アクションボタン]をタップ

Point 細かく設定することもできる

アクションボタンの割り当てで[ショートカット]を選び、[アプリを開く]から、特定のアプリをアクションボタンで起動するように設定できます。

[ショートカットを選択]をタップすると、アクションボタンにアプリなどを割り当てられる

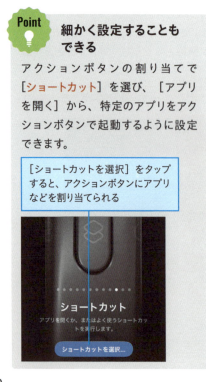

ここではフラッシュライトが起動するように設定する

❷左に3回スワイプ

[フラッシュライト]と表示され、アクションボタンでフラッシュライトが点灯できるようになった

037 衛星通信が使えることを確認するには

16 | Plus | Pro | Pro Max
15 | Plus | Pro | Pro Max

衛星経由の緊急SOS

iPhone 16/15シリーズには衛星通信で緊急通報する機能が搭載されています。通常の通信には使えない特殊な機能ですが、デモ機能も搭載されているので、緊急時に備えて、使い方を確認しておきましょう。

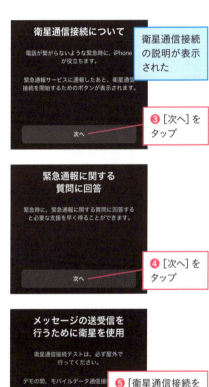

Point 万が一に備えて緊急連絡先を設定しておこう

手順2の［緊急SOS］の画面にある［"ヘルスケア"で緊急連絡先を編集］をタップすると、緊急通報時に通知を送る相手を設定できます。家族などを登録しておきましょう。

次のページに続く

デモを実行している間はモバイル通信がオフになる

❻［オフにする］をタップ

緊急SOSのデモが実行された

頭上が開けた場所に移動する

❼扇形のマークに衛星のアイコンが収まるようにiPhoneの向きを調整

衛星と接続されると、緑色に変わる

緊急通報サービスとのチャット画面が表示された

メッセージを送信して動作を確認できる

❽［終了］をタップ

終了を確認する画面で［デモを終了］をタップする

Point 実際に利用するときの流れを知っておこう

右のサイドボタンと左の音量ボタンを長押しすると、緊急通報が発信されます。このとき、携帯電話ネットワークの通信エリア圏外だと、衛星経由で緊急テキストメッセージを送信できるようになります。衛星経由での通信には制限があり、緊急通報にしか使えず、メッセージのみで音声通話もできません。また、通信時にはiPhoneを衛星に向ける必要があります。

Point 「探す」にも応用できる

緊急事態が発生していなくても、通信エリア圏外では［探す］アプリの［自分］-［衛星経由の位置情報］から、位置情報を共有できます。

第 **4** 章

電話&メールで役立つ
便利ワザ

038 発着信履歴を確認するには

16 Plus Pro Pro Max
15 Plus Pro Pro Max

電話の履歴

電話をかけたときやかかってきたときの相手の電話番号は、日付や時刻とともに［電話］アプリの［履歴］に記録されています。確認前の不在着信（応答できなかった電話）や留守番電話の件数は、画面下の［履歴］や［留守番電話］などに表示されます。

ワザ014を参考に、［電話］を起動しておく

❶［履歴］をタップ

不在着信は赤く表示される

❷電話番号をタップ

電話が発信される

Point 発着信履歴から電話番号を連絡先に登録するには

発着信履歴の ⓘ をタップすると、その履歴の詳細が表示され、その詳細画面から相手の電話番号を連絡先に登録することができます。連絡先の登録方法は、**ワザ040**で解説します。発着信履歴の電話番号をタップすると、その電話番号に発信されるので、注意しましょう。

039 着信音を鳴らさないためには

16 | Plus | Pro | Pro Max
15 | Plus | Pro | Pro Max

消音モード

会議中など、着信音を鳴らしたくないときでは、消音モードに切り替えます。iPhone 15シリーズのProモデルとiPhone 16シリーズでは、アクションボタン（ワザ036）に「消音モード」を割り当てるか、「集中モード」（ワザ096）を利用しましょう。

消音モードの切り替え

▶ **iPhone 15シリーズ（Proモデル）／ iPhone 16シリーズ**

アクションボタンを長押し

▶ **iPhone 15/iPhone 15 Plus**

着信／サイレントスイッチを切り替え

iPhone 15シリーズのProモデルおよびiPhone 16シリーズで［消音］と表示されないときは、**ワザ036**を参考に、アクションボタンの設定を確認する

［消音］と表示され、着信音が鳴らないように設定できた

Point 絶対に着信音を鳴らしたくないときは

どうしても着信音を鳴らしたくないときは、機内モードに切り替えた上で電源を切りましょう。機内モードに切り替えただけでは、設定したアラームやタイマーが鳴ってしまうので、注意が必要です。緊急の連絡だけは受けたいときは、「集中モード」（ワザ096）を活用しましょう。

ワザ009を参考に、コントロールセンターを表示して、［機内モード］をオンにする

次のページに続く

バイブレーションの設定

ワザ023を参考に、[設定]の画面を表示しておく

❶画面を下にスクロール

❷[サウンドと触覚]をタップ

[サウンドと触覚]画面が表示された

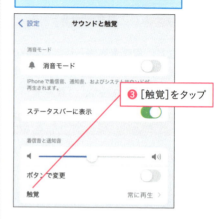

❸[触覚]をタップ

バイブレーションの設定をタップして選択

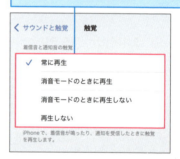

Point 音量ボタンで着信音を変えるには

手順3の画面で[ボタンで変更]がオフになっていると、左側面の音量ボタンで動画や音楽などの音量を調整できますが、着信音の音量はこの画面でしか調整できません。[ボタンで変更]をオンにすると、音量ボタンで着信音と通知音を調整できますが、動画や音楽の音量は再生中にしか調整できなくなります。

Point 連絡先ごとに着信音を設定できる

ワザ040の[新規連絡先]の画面で[着信音]や[メッセージ]の項目をタップして、[デフォルト]以外の音を選ぶと、その連絡先からの電話やメッセージだけ、[設定]の画面の[サウンドと触覚]で設定された共通の着信音とは別の着信音や通知音が鳴るように設定できます。

040 連絡先を登録するには

6 Plus Pro Pro Max
5 Plus Pro Pro Max

連絡先の登録

iPhoneには電話帳やアドレス帳として使える[連絡先]が搭載されています。よく連絡を取る家族や友だちを登録しておくと、簡単に電話やメールを発信でき、着信時には相手の名前が表示されて便利なので、ぜひ活用しましょう。

新しい連絡先の登録

ワザ014を参考に、[電話]を起動しておく

❶[連絡先]をタップ

❷ここをタップ

❸氏名と読みを入力

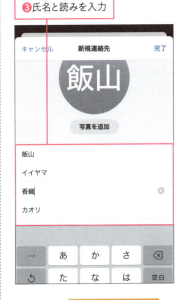

次のページに続く

❹ [電話を追加] をタップし、電話番号を入力

❺ [メールを追加] をタップし、メールアドレスを入力

❻ [完了] をタップ

新しい連絡先が追加され、連絡先の詳細が表示された

[編集] をタップすると、内容を修正できる

❼ ここをタップ

連絡先をタップすると、詳細画面が表示される

検索フィールドで連絡先を検索できる

Point 自分の連絡先を登録するには

前ページ手順2の画面で [マイカード] をタップすると、自分の連絡先が表示されます。未登録のときは、iCloudの設定などから、Siriが自動検出した自分の名前や電話番号、メールアドレスが候補として表示され、それをタップすることで、簡単に登録できます。ワザ041の手順で再編集することもできます。

発着信履歴から連絡先に登録

ワザ038を参考に、発着信履歴を表示しておく

❶ 登録する番号の ⓘ をタップ

❷ [新規連絡先を作成]をタップ

❸ 連絡先の情報を入力

❹ [完了]をタップ

電話番号は自動的に追加される

041 連絡先を編集するには

16 Plus Pro Pro Max
15 Plus Pro Pro Max

連絡先の編集

［連絡先］の情報は、内容を修正したり、追加したりできます。携帯電話番号だけでなく、自宅の電話番号や住所、誕生日、SNSのユーザー名などを登録しておけば、連絡を取るときだけでなく、さまざまな場面で役に立ちます。

ワザ040を参考に、編集する連絡先の詳細画面を表示しておく

❶［編集］をタップ

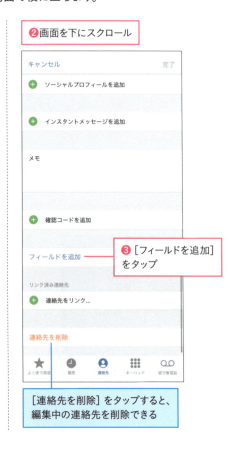

❷画面を下にスクロール

❸［フィールドを追加］をタップ

［連絡先を削除］をタップすると、編集中の連絡先を削除できる

Point　［よく使う項目］を使うには

手順1の画面で［よく使う項目に追加］をタップすると、その連絡先を［よく使う項目］に追加できます。［よく使う項目］は自分や家族の勤務先など、頻繁に電話をかける連絡先を追加しておく場所で、［連絡先］の画面左下の［よく使う項目］をタップすると、表示されます。

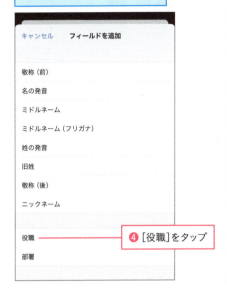

ここでは[役職]のフィールドを追加する

❹[役職]をタップ

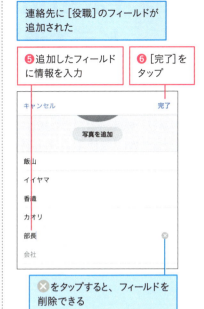

連絡先に[役職]のフィールドが追加された

❺追加したフィールドに情報を入力

❻[完了]をタップ

をタップすると、フィールドを削除できる

Point メールアドレスを交換するには？

対面している人とメールアドレスを交換するには、その場でメールアドレスを教え合い、メールを送信する（ワザ019）方法が確実です。登録済みの自分の連絡先（マイカード）を表示し、下にスクロールして[連絡先を送信]をタップすることで、メールなどで指定した項目を共有することもできます。iPhone同士の場合、互いのiPhoneの上部を近づけることで自身の連絡先を交換する「NameDrop」という機能も使えます。

Point 連絡先をバックアップするには

iCloud（ワザ025）を使っているときは、連絡先は自動的にiCloudに保存されるので、バックアップを取る必要がありません。パソコンのWebブラウザーでiCloudにアクセスし、[連絡先]をクリックして連絡先の一覧を表示し、書き出したい連絡先を選択します。[Shift]キーを押しながらクリックすると、複数選択できます。左下の歯車のアイコンをクリックして、[vCardを書き出す]を選ぶと、その連絡先がファイルとしてパソコンに保存されます。

042 FaceTimeで ビデオ通話をするには

16 Plus Pro Pro Max
15 Plus Pro Pro Max

FaceTime

「FaceTime」はアップルが提供するビデオ通話サービスです。iPhoneなどのアップル製品同士なら、電話と同じような操作で使えます。データ通信を利用するので、データ定額プランやWi-Fiを使えば、追加料金なしで通話ができます。

FaceTimeの設定の確認

ワザ023を参考に、[設定]の画面を表示しておく

❶ 画面を下にスクロール

❷ [アプリ]をタップ

[アプリ]画面が表示された

❸ [FaceTime]をタップ

❹ [FaceTime]がオンになっていることを確認

> **Point** 音声のみでもFaceTimeを利用できる
>
> 次ページの連絡先の詳細画面で、[FaceTime] の右にある 📞 をタップすると、ビデオなしの音声のみでFaceTimeを発信できます。データ通信を利用するため、国際通話では通話料を大幅に節約できます。

FaceTimeの開始

ワザ040を参考に、発信先の連絡先の詳細画面を表示しておく

[FaceTime]をタップ

ここをタップしてもいい

相手のiCloudメールアドレスを登録済みのときは、電話番号か、メールアドレスを選択できる

相手が応答すると、ビデオ通話が開始される

ここをタップすると、通話が終了する

ここをタップすると、自分の映像を背面カメラに切り替えられる

▶相手の画面

FaceTimeの着信画面が表示された

[スライドで応答]のスイッチを右にスワイプ

ビデオ通話が開始される

Point FaceTimeのアイコンが表示されていないときは?

連絡先に[FaceTime]の項目が表示されていないときは、相手がiPhoneなどを利用していないか、前ページの手順で[FaceTime]の設定がオフ、あるいは相手の[FACETIME着信用の連絡先情報]が連絡先に登録されていない状態です。相手がFaceTimeを利用可能かどうかを確認しましょう。

043 携帯電話会社のメールアドレスを確認・変更するには

携帯電話会社のメール

携帯電話会社が提供するメールサービスのメールアドレスは、新規契約時にはランダムな文字列が割り当てられています。すでに使っている人は変更する必要はありませんが、はじめて使う人は、ほかの人に伝えやすいメールアドレスに変更しましょう。

ドコモメールのメールアドレスを確認・変更する

STEP 1　[メール設定]の画面を表示する

ワザ023を参考に、Wi-Fi（無線LAN）をオフにしておく。Safariで[My docomo]を表示し、トップ画面にある[メール・各種]をタップする。[メール設定]-[設定を確認・変更する]の順にタップする。

▼[My docomo] Webサイト

STEP 2　spモードパスワードを入力する

[パスワード確認]画面で「spモードパスワード」を入力する。

Point　spモードパスワードって何？

spモードパスワードは4桁の数字で、はじめて使うときは「0000」が設定されています。契約時に設定したネットワーク認証番号とは別のものなので、間違えないようにしましょう。

STEP 3　メールアドレスを変更する

[メール設定]画面で「メール設定内容の確認」をタップすると、変更前のメールアドレスが表示される。「メールアドレスの変更」をタップし、「続ける」をタップするとメールアドレスの変更画面が表示される。希望するメールアドレスを入力し、「確認する」をタップする。メールアドレスの変更を確認する画面が表示され、「設定を確認する」をタップすると、メールアドレスが変更される。

Point　メールアドレスの変更は慎重に行なおう

ドコモメールのメールアドレスは、1日3回まで変更できますが、変更後にワザ022で説明したプロファイルをダウンロードし直す必要があります。設定をやり直すと、それまでに受信したメッセージR/Sが削除されてしまいます。何度もメールアドレスを変更しないで済むように、メールアドレスの変更は慎重に行ないましょう。

auメールのメールアドレスを確認・変更する

STEP 1 ［メールアドレス変更］の画面を表示する

▼［メールアドレス変更］Webページ

ワザ023を参考に、Wi-Fi（無線LAN）を有効にしておく。右記のQRコードを参考にし、［メールアドレス変更］のWebページを表示する。画面をスクロールし、［メール設定］をタップする。

STEP 2 ［メール設定］の画面を表示する

［メール設定］画面が表示される。表示された画面にある［メールアドレス変更・迷惑メールフィルター・自動転送］をタップし、［メールアドレスの変更へ］をタップする。

STEP 3 暗証番号を入力する

［メール設定 暗証番号入力］画面が表示される。契約時に登録した暗証番号を入力し、［送信］をタップする。アドレス変更の注意事項を確認し、［承諾する］をタップする。

STEP 4 メールアドレスの変更を実行する

メールアドレスのより前の部分を入力する画面が表示される。希望するメールアドレスを入力し、［送信］をタップする。変更後のメールアドレスを確認する画面が表示されるので、［OK］をタップする。

STEP 5 MMSのメールアドレスの設定

ワザ023を参考に、［設定］の画面を表示する。［アプリ］-［メッセージ］の順にタップし、［MMSメールアドレス］にメールアドレスを入力する。入力後は左上の［アプリ］をタップして設定を完了しておく。

Point メールアドレスを変更したときは

auメールのメールアドレスを変更したときは、iPhoneにプロファイルをインストールし直す必要があります。まず、［設定］の画面の［一般］-［VPN・デバイス管理］で［○○○@au.com］（@ezweb.ne.jp）をタップし、［プロファイルを削除］で該当するプロファイルを削除します。その後、ワザ022の手順で、新しいプロファイルをダウンロードしましょう。

次のページに続く

ソフトバンクのMMSのメールアドレスを確認・変更する

STEP 1 [My SoftBank]のWebサイトを表示

▼[My SoftBank] Webページ

ワザ023を参考に、Wi-Fi（無線LAN）をオフにしておく。プロファイルがインストールされている場合は、ホーム画面のアイコンから[My SoftBank]のWebページを表示する。

STEP 2 [メール管理]画面を表示する

ワザ027を参考に、[My SoftBank]のWebサイトにログインしておく。トップページにある[メール設定]をタップする。

STEP 3 メールアドレスの変更面を表示する

[メール管理]画面が表示される。[[S]メール（MMS）]の[確認・変更]をタップする。SoftBank IDのパスワードを入力する画面が表示されたときは、画面の指示に従って操作する。

STEP 4 新しいメールアドレスを入力する

現在のメールアドレスが表示され、「[メールアドレスの変更]」画面が表示される。新しいメールアドレスを入力し、[次へ]をタップする。変更されるメールアドレスの確認画面が表示されるので、問題がなければ、「変更する」をタップする。

STEP 5 メールアドレスの変更が完了する

「メールアドレスを変更しました。」と表示され、メールアドレスの変更が完了した。

STEP 6 MMSのメールアドレスの設定

ワザ023を参考に、「設定」の画面を表示する。[アプリ]-[メッセージ]の順にタップし、「MMSメールアドレス」にメールアドレスを入力する。入力後は左上の[アプリ]をタップして、設定を完了しておく。

Point ワイモバイルのメールは[Yahoo!メール]アプリを使う

ワイモバイルが提供する「Y!mobile メール」は、「△△△@yahoo.ne.jp」のメールアドレスを使い、App Storeから[Yahoo!メール]からインストールして、利用します。従来の携帯電話と同じMMSのメールサービスも提供されていて、「MyY!mobile」の設定サポートから設定します。詳しくは以下のWebページを参照してください。

▼ワイモバイルスマホ初期設定方法「メール」
https://www.ymobile.jp/yservice/howto/iphone/mail/

楽メールのメールアドレスを確認・変更する

STEP 1 ［my 楽天モバイル］アプリの起動

ワザ027を参考に、［my楽天モバイル］アプリをインストールしておく。アプリを起動し、楽天IDとパスワードを入力し、ログインを完了する。

▼［my楽天モバイル］アプリ

STEP 2 ［楽メール設定］画面を表示する

ホーム画面をスクロールし、［メールアドレス設定］をタップする。

STEP 3 新しいメールアドレスを入力する

［楽メール設定］画面が表示される。新しいメールアドレスを入力し、［確認画面へ進む］をタップする。［楽メール設定内容のご確認］画面が表示され、新しいメールアドレスへの変更を確認する画面が表示された。［設定を完了する］をタップする。

STEP 4 メールアドレスの変更が完了する

「設定が完了しました」と表示され、メールアドレスの変更が完了した。

STEP 5 ［Rakuten Link］アプリの準備

App Storeから［Rakuten Link］アプリをインストールしておく。アプリを起動後、楽天IDとパスワードを入力し、サインインする。

▼［Rakuten Link］アプリ

STEP 6 楽メールが利用できることを確認する

［Rakuten Link］アプリのホーム画面下部にある［楽メール］をタップする。楽メールをはじめて利用するときは利用規約の画面が表示される。［同意してはじめる］をタップし、［メールアドレスを取得］をタップする。メールアドレスの設定が完了すると、楽メールの受信トレイが表示される。

Point　楽メールは［Rakuten Link］のみで利用できる

楽天モバイルで提供する「楽メール」は、［Rakuten Link］アプリから利用します。Gmailのように、Safariなどのブラウザから利用したり、iPhoneの［メール］アプリから利用することはできません。

044 パソコンのメールを使うには

16 Plus Pro Pro Max
15 Plus Pro Pro Max

アカウントの追加

パソコンで使っているプロバイダーのメールサービスなども［メール］アプリで利用できます。設定にはサーバー名（ホスト名）やユーザー名、パスワードなどの情報が必要になるので、プロバイダーのサポートページなどを確認しましょう。

ワザ042を参考に、［アプリ］の画面を表示しておく

❶画面を下にスクロール

❷［メール］をタップ

［メール］の画面が表示された

❸［メールアカウント］をタップ

❹［アカウントを追加］をタップ

ここではパソコンのメールアカウントを追加する

❺［その他］をタップ

❻ [メールアカウントを追加]をタップ

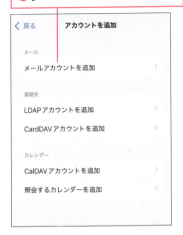

❼ 名前とメールアドレス、パスワード、説明を入力

❽ [次へ]をタップ

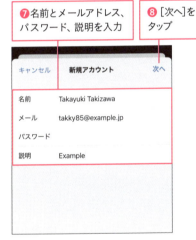

❾ 受信メールサーバー(IMAP/POP)をタップして選択

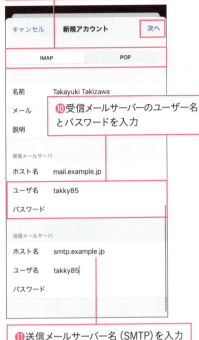

❿ 受信メールサーバーのユーザー名とパスワードを入力

⓫ 送信メールサーバー名(SMTP)を入力

[ユーザ名]と[パスワード]は必要な場合に入力する

⓬ 画面右上の[保存](IMAP方式は[次へ]-[保存])をタップ

メールアカウントが追加される

Point

GmailとYahoo!メールは専用アプリを使おう

GmailとYahoo!メールは、手順5の画面に表示されていますが、App Storeでそれぞれ専用のメールアプリをダウンロードできます(**ワザ061**)。専用アプリにはメール検索などの便利な機能も搭載されています。

Point

POPやIMAPって何?

POPやIMAPはメールを受信する方式の名前です。POP方式とIMAP方式の両方が採用されているときは、IMAP方式で設定すると、パソコンなど、ほかの機器とメールを同期できるので便利です。

045 [メール]でメールを送るには

16 Plus Pro Pro Max
15 Plus Pro Pro Max

メールの送信

[メール]アプリを使って、家族や友だちにメールを送ってみましょう。[メール]アプリはiCloud(**ワザ025**)や携帯電話会社のメール(**ワザ043**)、**ワザ044**で設定したメールサービスのメールを送受信できます。

ホーム画面を表示しておく

❶ [メール]をタップ

["メール"の新機能]の画面が表示されたときは、[続ける]をタップする

[メールプライバシー保護]の画面が表示されたときは、["メール"でのアクティビティを保護]-[続ける]の順にタップする

通知についての画面が表示されたときは、[許可]をタップする

ここをタップすると、各メールボックスの[受信]の画面が表示される

❷ ここをタップ

Point　絵文字は送れないの?

iPhoneの[メール]は絵文字の送受信ができますが、相手がiPhone以外のときは、異なるデザインの絵文字が表示されたり、絵文字が正しく表示されないことがあります。

Point

CcやBccは何に使うの?

CcやBccは同じメールを宛先以外の相手にも同時に送りたいときに利用します。宛先にも複数の相手を指定できますが、仕事の同僚など、メールの主な送り先ではないが、同じ情報を共有したいというときなどに、CcやBccを使います。Ccに指定されたメールアドレスは、メールを受け取ったすべての相手が確認できますが、Bccに指定されたメールアドレスは、Bccに指定された相手を含め、確認できません。

[Cc/Bcc]をタップ

CcやBccで送信する相手を追加できる

❸ ここをタップ

❹ メールを送信する連絡先をタップ

[あとで送信]の説明が表示されたときは、[x]をタップする

次のページに続く

メールの送信先を追加できた

❺件名を入力　❻本文を入力

❼[↑]をタップ

メールが送信される

 Point 送信元のメールアドレスを変更しよう

ワザ044で複数のメールサービスを設定したときは、手順3で[差出人]のメールアドレスを2回タップすることで、どのメールアドレスからメールを送信するかを選ぶことができます。

[差出人]のメールアドレスを選択できる

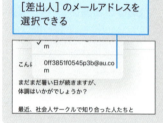

 Point 書きかけのメールを一時的に閉じておく

作成中のメールは、書きかけの状態で一時的に閉じておくことができます。ほかのメールを参照しながら、メールを作成したいときに便利です。iCloudやGmailなど、クラウドサービスで提供されているメールサービスでは、[キャンセル]をタップして、[下書きを保存]をタップすると、サーバー上に下書きを保存することができます。

件名を下にスワイプ

メールが一時的に閉じ、画面の下端に件名が表示された

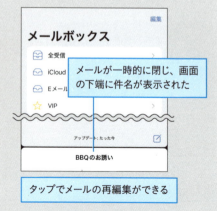

タップでメールの再編集ができる

046 メールに写真を添付するには

写真の添付

iPhoneで撮影した写真やビデオをメールに添付し、送信することができます。写真を添付したメールを送信するときは、その写真のサイズを縮小するかどうかを選ぶこともできます。

ワザ045を参考に、メールの作成画面を表示しておく

❶写真を挿入する場所をタップ

❷ここをタップ

アイコンが表示されないときは、画面右の をタップする

メールの作成画面の下に、写真の一覧が表示された

❸添付する写真をタップ

Point 写真を選び直したいときは

手順4で添付する写真を選び直したいときは、もう一度、手順2のアイコンをタップします。上の画面が表示されるので、選んだ写真をタップしてチェックマークを外し、新たに添付したい写真をタップすれば、選び直すことができます。

次のページに続く

選択した写真が添付された

メールの作成画面に戻った

❹写真の一覧を下にスワイプ

 Point

複数の写真をまとめて添付できる

手順2の画面で複数の写真をタップすると、複数の写真をメールに添付できますが、［写真］アプリからも同じように操作ができます。［写真］アプリを起動し、右の手順に従って、添付したい写真を選び、［メール］をタップすると、**写真が添付されたメール**が作成されます。

［写真］を起動しておく

❶［選択］をタップ

❷添付する複数の写真をタップして、チェックマークを付ける

❸ここをタップ

❹［メール］をタップ

047 受信したメールを読むには

受信メールの確認

設定されたメールサービスのメールを受信すると、メールの着信音が鳴り、画面に通知が表示されます。受信したメールは[メール]アプリで読むことができます。一覧でメールをタップして、内容を表示しましょう。

ワザ045を参考に、[メール]を起動し、[受信]の画面を表示しておく

内容を表示するメールをタップ

ここをタップすると、[受信]の画面が表示される

ここのボタンで前後のメールに移動できる

Point 複数のメールボックスを切り替えて表示できる

手順1のメールの一覧画面で、左上のメールサービス名をタップすると、メールボックスの一覧が表示され、メールボックスをタップすると、そのメールボックス内のメール一覧が表示されます。複数のメールサービスを設定しているときは、[全受信]で全メールサービスのメールをまとめて表示したり、それぞれを個別に選択して、表示できます。iCloudなど一部のメールサービスでは、サーバー上のフォルダも表示されます。

次のページに続く

メールの受信間隔を変更できる

iCloudなど、一部のメールサービスは、メールの自動受信（プッシュ通知）に対応しますが、ほかのサービスは**一定時間ごとの自動新着チェック機能（フェッチ）**で、メールを受信します。フェッチの間隔は、［設定］-［アプリ］-［メール］-［メールアカウント］の画面で変更できます。

［データの取得方法］で新着メールの受信間隔を設定できる

メールを検索して活用しよう

受信したメールは**キーワードを入力して、検索**することができます。サーバー上に保存されているメールも検索できます。［メッセージ］でも同様にメッセージを検索することが可能です。

［受信］の画面を表示しておく

❶画面を下にスワイプ

❷［検索］をタップ

❸キーワードを入力

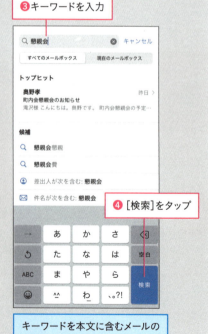

❹［検索］をタップ

キーワードを本文に含むメールの検索結果画面が表示される

048 差出人を連絡先に追加するには

メール・新規連絡先を作成

受信したメールの差出人のメールアドレスは、[連絡先]に登録できます。新しい連絡先として登録できるだけでなく、すでに登録済みの連絡先に追加で登録することもできます。

ワザ047を参考に、メールの内容を表示しておく

❶[差出人]の名前をタップ

名前が黒く表示されているときは、名前をタップして青い表示にする

メールの差出人の情報が表示された

❷[新規連絡先を作成]をタップ

[連絡先]が起動するので、ワザ040を参考に、連絡先を登録する

Point メール本文から連絡先に登録できる

受信したメールの本文に記載されているメールアドレスや電話番号、住所などは、リンクとして青く表示されることがあります。リンクをロングタッチして、[連絡先に追加]を選ぶと、連絡先に追加できます。同じメールに記載されているほかの項目も自動で入力されるので、内容を確認してから登録しましょう。

049 メールサービスを切り替えるには

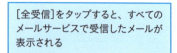

メールボックスの切り替え

複数のメールサービスを設定しているときは、このワザの手順で、どのメールサービスのメールボックスを表示するかを切り替えられます。未読メールがあるときは、手順2のメールサービス名の右側にそれぞれ件数が表示されます。

ワザ045を参考に、[メール]を起動し、[受信]の画面を表示しておく

メールサービスの名前をタップ

[全受信]をタップすると、すべてのメールサービスで受信したメールが表示される

メールサービス名をタップすると、切り替えられる

Point　返信するときのメールアドレスに注意しよう

[全受信]のメールボックスではすべての受信メールが表示されます。メールに返信するとき、どのメールサービスから送信するかを必ず確認するようにしましょう。

050

6 Plus Pro Pro Max
5 Plus Pro Pro Max

署名を設定するには

署名の変更

標準設定では作成したメール本文の最後に「iPhoneから送信」という署名が付加されます。この署名は以下の手順で変更できます。複数のメールサービスのアカウントを登録しているときは、アカウントごとに別の署名を設定することもできます。

ワザ044を参考に、[設定]-[アプリ]-[メール]の画面を表示しておく

❶画面を下にスクロール

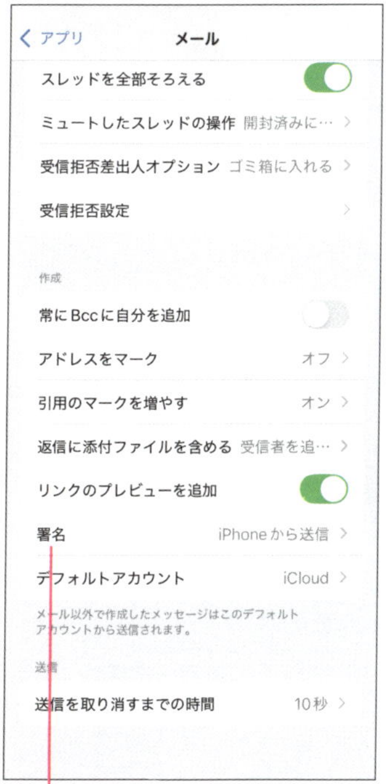

❷[署名]をタップ

署名を使うアカウントの範囲を選択できる

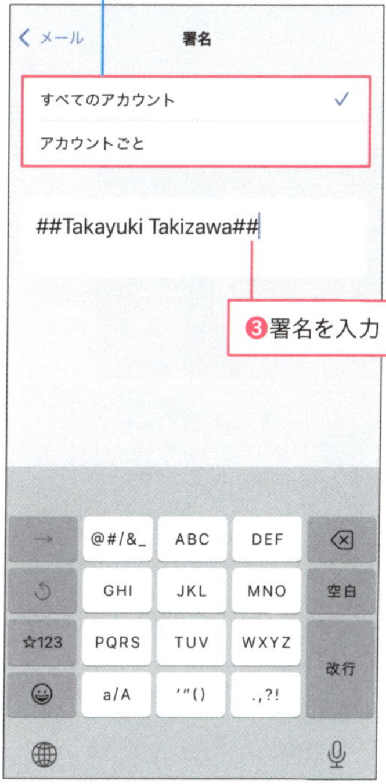

❸署名を入力

メール本文に挿入する署名が設定できた

051 [＋メッセージ]を利用するには

＋メッセージ

16 Plus Pro Pro Max
15 Plus Pro Pro Max

「＋メッセージ」はNTTドコモ/ahamo、au/UQ mobile/povo、ソフトバンク/ワイモバイル/LINEMO、一部のMVNOで使えるメッセージサービスです。SMSと同じように、電話番号を宛先として使います。利用開始には初期設定が必要です。

[＋メッセージ]のダウンロードと初期設定

ワザ005を参考に、ホーム画面を切り替える

❶[＋メッセージ]をタップ

ここではドコモのiPhoneを例にしているが、以下のQRコードをカメラなどで読み取ってもよい

▶ ＋メッセージ

[App Store]の[＋メッセージ]の画面が表示された

❷[入手]をタップ

ワザ061を参考に、[＋メッセージ]をダウンロードし、アプリを開く

ワザ023を参考に、Wi-Fi（無線LAN）をオフにしておく

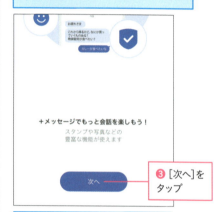

❸[次へ]をタップ

次の画面でも[次へ]をタップする

連絡先へのアクセスを求める確認画面が表示された

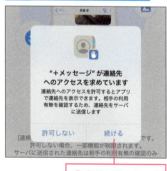

❹[続ける]をタップ

通知の送信を許可するかを
確認する画面が表示された

❺[フルアクセスを許可]をタップ

アクティビティのトラッキングの許可を求められるので、[許可]をタップしておく

通知の送信の許可を求められるので、[許可]をタップしておく

❻通信回線をドラッグして選択

❼[次へ]をタップ

認証番号がSMSに届くので確認しておく

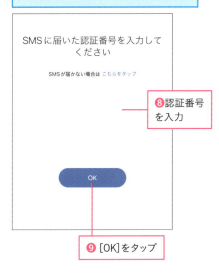

❽認証番号を入力

❾[OK]をタップ

利用規約が表示された

❿[同意する]をタップ

設定完了の画面が表示されたら[OK]をタップする

次のページに続く

⑪ [スキップ]をタップ

⑫ 名前とひと言を入力

⑬ [OK]をタップ

初期設定が完了し、[＋メッセージ]の[メッセージ]の画面が表示される

⑭ ここをタップ

⑮ [新しいメッセージ]をタップ

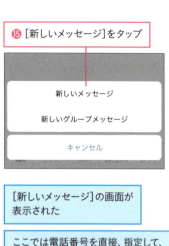

[新しいメッセージ]の画面が表示された

ここでは電話番号を直接、指定して、メッセージを送信する

⑯ 電話番号を入力

⑰ [直接指定]を**タップ**

相手を[＋メッセージ]に招待することを確認する画面が表示された

⑱ [招待する]をタップ

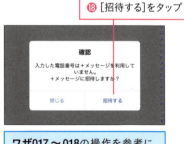

ワザ017〜018の操作を参考に、メッセージを送受信する

第5章

インターネットを自在に使う快適ワザ

052 リンク先をタブで表示するには

`16` `Plus` `Pro` `Pro Max`
`15` `Plus` `Pro` `Pro Max`

タブ

[Safari]には複数のWebページをそれぞれ別の「タブ」として表示しておき、切り替えて閲覧できる機能があります。ショッピングサイトやニュースサイトなど、複数のお店のページを見比べて値段を比較したり、記事を見比べるといった使い方に便利です。

新しいタブで表示

ここではリンク先のWebページを新しいタブで表示する

❶リンクをロングタッチ

リンク先が一時的に表示される

❷[新規タブで開く]をタップ

Point　電話番号や地図などは別のアプリが起動して表示される

Webページのリンク先によっては、[電話][マップ][メール]など、リンクに該当する別のアプリが起動することがあります。[電話]や[メール]ではあらかじめ電話番号やメールアドレスが入力された状態で起動するので、すぐに連絡を取れるようになります。

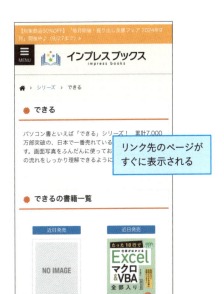

リンク先のページが
すぐに表示される

自動的にタブが開くこともある

Webページから別のページにリンクが貼られている場合など、Webページによってはリンクをタップするだけで、自動的に新しいタブが開くことがあります。画面下の [＜] か、タブの切り替え操作をすれば元のページに戻ることができます。

タブの切り替え

前ページの手順を参考に、Webページを複数のタブで表示しておく

❶ここをタップ

タブの一覧が表示された

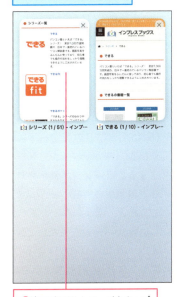

❷表示するWebページをタップ

次のページに続く

タブが切り替わって、Webページが表示された

検索フィールドを左右にスワイプしてもタブを切り替えられる

Point 不要なタブを閉じよう

タブの右側にある⊗をタップすると、タブを閉じることができます。また、タブを左にスワイプすると、消去することが可能です。不要なタブは閉じるようにしておきましょう。

ここをタップ

Point 新しいタブを表示するには

[Safari]アプリの画面右下に表示されている▢をタップし、左下の＋をタップすると新規タブが表示されます。現在、表示中のWebページはそのままにしておき、ほかのことを調べたい、新しいWebページを見たいときに便利です。＋をロングタッチすると、[最近閉じたタブ]の画面が表示されるので、閉じてしまったタブを再び、開くこともできます。

❶ ここをタップ

❷ ここをタップ

053 タブグループを作成するには

16 | Plus | Pro | Pro Max
15 | Plus | Pro | Pro Max

タブグループ

同じ話題を検索すると、いくつものWebページがタブで開かれ、散乱してしまいます。そんなときは複数のWebページを「タブグループ」にまとめましょう。たとえば、旅行のホテルや観光スポットをタブグループにまとめておくと便利です。

タブグループの作成

135ページを参考に、タブの一覧を表示しておく

❶ タブグループに移動したいタブをロングタッチ

❷ [タブを移動]をタップ

❸ [新規タブグループ]をタップ

❹ タブグループ名を入力

❺ [完了]をタップ

選択したタブが作成されたタブグループに移動する

次のページに続く

できる 137

タブグループの切り替え

135ページを参考に、タブの一覧を表示しておく

タブグループの切り替え画面が表示された

タブグループに切り替わり、タブの一覧が表示された

❷タブをタップ

❶作成したタブグループをタップ

タブグループ内のタブが表示された

Point タブグループを削除するには

タブグループの一覧の下にある ≡ をタップすると、タブグループを編集できる画面が表示されます。左上の[編集]をタップすると、タブグループを削除したり、表示する順番を入れ替えることができます。

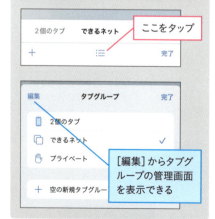

ここをタップ

[編集]からタブグループの管理画面を表示できる

054 Webページを読みやすく表示するには

リーダー表示

長文の記事や小説など、文章が中心のWebページを集中して読みたいときは、「リーダー表示」が便利です。広告などが非表示となり、文字や画像だけが表示されるシンプルな構成になります。見やすいフォントも選べるなど、読みやすくもできます。

❶ ここをタップ

❷ ［リーダーを表示］をタップ

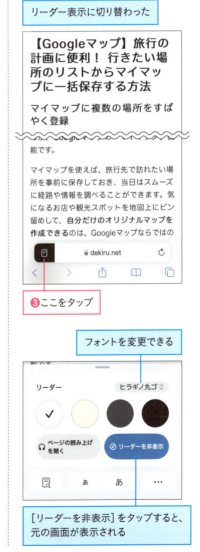

リーダー表示に切り替わった

❸ ここをタップ

フォントを変更できる

［リーダーを非表示］をタップすると、元の画面が表示される

055 Webページを後で読むには

16 Plus Pro Pro Max
15 Plus Pro Pro Max

ブックマーク

よく見るニュースサイトやブログなどのWebサイトは、「ブックマーク」に追加しておくと、すぐに表示できるようになります。わざわざ検索する手間が省けるので、よく訪れるWebサイトはブックマークに登録しておきましょう。

ブックマークの追加

ブックマークに追加するWebページを表示しておく

❶ ここをタップ

[Safari]のオプションをさらに表示する

❷ ここをスワイプ

Point

[ブックマーク]と[お気に入り]はどう違うの?

[お気に入り]は[ブックマーク]に登録されているフォルダの1つです。頻繁に閲覧するWebページを登録しておくときに使います。Webページのジャンルごとにフォルダを分けて管理したいときは手順3で[ブックマークを追加]をタップし、別のフォルダを作り、それぞれのフォルダに名前をつけたりして、管理します。

[Safari]のオプションが表示された

❸ [お気に入りに追加]をタップ

ブックマークの名前は自由に設定できる

❹ [保存]をタップ

Webページのブックマークを追加できた

次のページに続く

ブックマークの表示

ここではブックマークの一覧を表示する

❶ ここをタップ

❷ [お気に入り]をタップ

ブックマークが隠れているときは、項目を上にスワイプする

❸ 表示するWebページのブックマークをタップ

Webページが表示される

> **Point**
>
> ### ブックマークをすばやく表示するには
>
> ホーム画面にある[Safari]アイコンをロングタッチすると、[ブックマークを表示]という項目が出てきます。そこまで指を移動し、離すことでブックマークを表示させることができます。
>
> [Safari]をロングタッチすると、ブックマークなどをすばやく表示できる
>
>

056 Webページを共有／コピーするには

16 Plus Pro Pro Max
15 Plus Pro Pro Max

Webページの活用

[Safari]で表示しているWebページのURLを、家族や友だちに**メールやメッセージで送る**ことができます。また、Webページ上の文章の一部をコピーして、メールにペーストして送ることもできます。

WebページのURLをメールで送信

Webページを表示しておく

❶ ここをタップ

❷ [メール]をタップ

メールが作成され、本文にWebページのURLが入力された

Point アプリによって表示される項目が変わる

手順2の画面に表示される**共有の項目**は、インストールされているアプリによって変わります。SNSのアプリがインストールされていると、そのSNSのアプリで家族や友だちに共有できるようにもなります。

次のページに続く

Webページの文字をコピー

文字をコピーするWebページを
表示しておく

❶ 文字をロングタッチ

❷ 画面から指を離す

操作のメニューが表示された

選択範囲の両端にカーソルが表示された

❸ カーソルをドラッグして文字を選択

❹ 画面から指を離す

❺ ［コピー］をタップ

文字がコピーされる

42ページを参考に、［メモ］などほかのアプリに文字をペーストできる

 Point 文字と画像をいっしょにコピーできる

多くのWebページは、文字と画像で構成されています。手順3で選択範囲を上下左右に広げると、文字だけでなく、画像やWebページへのリンクもいっしょに選択して、コピーできます。ただし、ペーストした先のアプリが画像やリンクに対応してないときは、それらの情報が正しくペーストされないことがあります。

057 用途に応じてSafariを使い分けるには

プロファイル

iPhoneに標準で搭載されている[Safari]は、用途に合わせて、使い分けることができます。「仕事用」「プライベート用」といった「プロファイル」を作成し、これを切り替えることで、別々のブラウザーとして、[Safari]が利用できます。

プロファイルの作成

ワザ042を参考に、[アプリ]画面を表示しておく

❶ [Safari]をタップ

❷ 画面を下にスクロール

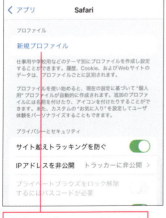

❸ [新規プロファイル]をタップ

❹ プロファイルの名前を入力

❺ アイコンや色をタップして選択

❻ 右上の[完了]をタップ

プロファイルが作成された

次のページに続く

プロファイルの切り替え

135ページを参考に、タブの一覧を表示しておく

❶ ここをタップ

❹ [完了]をタップ

❷ [プロファイル]をタップ　❸ プロファイル名をタップ

プロファイルが切り替わった

Point プロファイルとタブグループの使い分けは？

たとえばさらに、「仕事」と「プライベート」という2つのプロファイルを作っておき、就業時間中は「仕事」で業務に必要な調べ物をしつつ、夜間や週末は「プライベート」に切り替え、趣味などの話題を検索するといった使い分けができます。さらに、プライベートのプロファイルで「趣味」「グルメ」「読み物」といったタブグループを作ると、Webページが整理整頓されて、わかりやすくなります。

058 履歴や入力した情報を残さずにWebページを閲覧するには

16 Plus Pro Pro Max
15 Plus Pro Pro Max

プライベートブラウズ

[Safari]には閲覧や検索の履歴を残さない「プライベートブラウズ」というモードが用意されています。自分自身が安全に使いたいときだけでなく、友だちや家族に一時的にiPhoneを貸すようなときにもプライベートブラウズが安心です。

135ページを参考に、タブの一覧を表示しておく

❶ ここをタップ

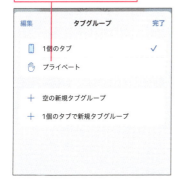

❷ [プライベート]をタップ

❸ [完了]をタップ

プライベートブラウズができるようになった

Point プライベートブラウズかどうかを確認するには

プライベートブラウズ中は検索フィールドが黒い表示になります。プライベートブラウズでは、Webページから追跡も阻止されるため、ユーザーのプライバシーを守る効果もあります。

059 PDFを保存するには

16 Plus Pro Pro Max
15 Plus Pro Pro Max

ダウンロード

[Safari]ではWebページに掲載されたり、メールに添付されたPDF形式のファイルを表示することができます。表示したPDFファイルは、iPhone本体やiCloudに保存でき、[ファイル]アプリを起動すれば、いつでも表示することができます。

PDFファイルの保存

[Safari]でPDFファイルのリンクをタップし、表示しておく

❶ここを**タップ**

ここでは[ファイル]に保存する

❷PDFのファイル名を上にスワイプ

❸[″ファイル″に保存]をタップ

Point 本書の電子版をiPhoneで持ち歩ける

本書の電子版はPDF形式のファイルで提供されています。本書を購入した人はダウンロードできるので、iPhoneに保存しておけば、いつでも本書を読むことができます。ダウンロード方法は3ページを参照してください。

Webページの画像も保存できる

Webページ上にある画像を保存しておきたいときは、画像をロングタッチして、オプションから[写真に追加]をタップします。**画像は[写真]アプリに保存**され、表示できます。ただし、保存が禁止されている画像は[写真に追加]が表示されません。

[ブック]にも保存できる

PDFファイルは[ブック]アプリに保存し、閲覧できます。手順2の画面で[ブック]を選ぶか、あるいは[その他]から[ブック]を選んで保存します。紙の本と同じように、**スワイプしてページをめくれる**ので、複数のページがある文書を読むときにも便利です。

ここではiPhone内に保存する

❹ [iCloud Drive]をタップ

❺ [ブラウズ]をタップ

❻ [このiPhone内]をタップ

[このiPhone内]の画面が表示された

❼ [保存]をタップ

PDFファイルが[ファイル]に保存される

次のページに続く

保存したPDFファイルの表示

ワザ005を参考に、ホーム画面を切り替えておく

❶ [ファイル]をタップ

[ファイル]が起動した

❷ [ブラウズ]をタップ

❸ [このiPhone内]をタップ

場所の一覧が表示されないときは、[ブラウズ]をもう一度、タップする

[このiPhone内] に保存されたファイルの一覧が表示された

❹ 保存したファイルをタップ

PDFファイルが表示された

複数のページがあるときは、上下にスクロールして、内容を閲覧できる

第 **6** 章

アプリをもっと使いこなす
便利ワザ

060 ダウンロードの準備をするには

`16` `Plus` `Pro` `Pro Max`
`15` `Plus` `Pro` `Pro Max`

App Store

アプリや音楽をiPhoneにダウンロードするにはApple Accountでのサインインや**支払い方法の登録が必要**です。あらかじめ［App Store］で登録しておきましょう。支払いにはクレジットカードのほか、Apple Gift Cardも使えます。

App Store／iTunes Storeへのサインイン

❶［App Store］をタップ

［App Store］が起動した

❷ここをタップ

［ようこそApp Storeへ］の画面が表示されたときは、［続ける］をタップする

位置情報の利用に関する確認画面が表示されたときは、［Appの使用中は許可］をタップする

[アカウント]の画面が表示された

❸[Apple Accountでサインイン]ををタップ

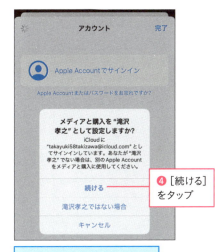

❹[続ける]をタップ

[アカウント]画面が表示され、App Storeにサインインできる

[アカウント]画面で[完了]をタップしておく

支払方法の登録

はじめてApp Store／iTunes Storeを利用するときは、確認の画面が表示される

❶[レビュー]をタップ

パスワードの入力画面が表示されたときは、パスワードを入力してサインインする

❷[日本]が選択されていることを確認

ここをタップして、利用規約を確認しておく

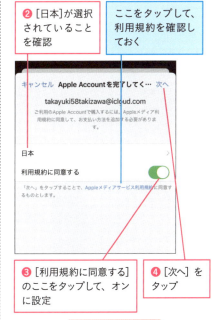

❸[利用規約に同意する]のここをタップして、オンに設定

❹[次へ]をタップ

次のページに続く

クレジットカードを利用するときは、[クレジット／デビットカード]をタップする

❺[なし]にチェックマークが付いていることを確認

❻名前のフリガナを入力

ワザ020で設定した名前を確認する

❼画面を下にスクロール

❽市区町村までの住所を入力

❾[都道府県]の[選択]をタップ

画面下に都道府県一覧が表示された

❿上下にスワイプして都道府県を選択

⓫[完了]をタップ

Apple Gift Cardって何？

Apple Gift Card（旧App Store & iTunesギフトカード）はiTunes StoreやApp Store、Apple StoreではMacやiPhone、アクセサリーの購入に使える**プリペイドカード**です。クレジットカードを使いたくない、持ちたくないという人に適していて、家電量販店やコンビニエンスストアで現金で購入することができます。1,000円や5,000円といった決まった金額のカードのほか、**金額を自由に指定できるバリアブルカード**も用意されています。購入したカードの裏側に記載されたコードを登録することで、額面の金額をApple Accountにチャージできます。Appleのサイトではコードがメールで送られてくるデジタルコード版も販売されています。

❶ 郵便番号と電話番号を入力

❸ ［次へ］をタップ

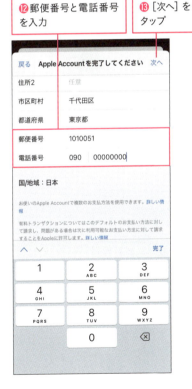

請求先情報の登録が終了した

❹ ［続ける］をタップ

［App Store］の画面に戻る

次のページに続く

Apple Gift Cardを利用したApple Accountへのチャージ

［アカウント］の画面を表示しておく

❶［ギフトカードまたはコードを使う］をタップ

Apple Gift Cardの裏面の銀のテープをはがしておく

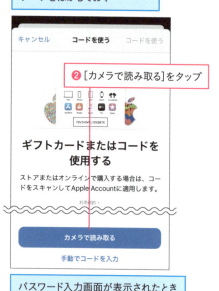

❷［カメラで読み取る］をタップ

パスワード入力画面が表示されたときは、パスワードを入力して、［サインイン］をタップする

❸Apple Gift Cardの裏面のコードにカメラを向ける

カメラがコードをすぐに読み取る

Apple Gift Cardから金額がチャージされた

❹［完了］をタップ

061 アプリを探してダウンロードするには

App Storeの検索

6 Plus Pro Pro Max
5 Plus Pro Pro Max

アプリをApp Storeからダウンロードしてみましょう。アプリの名前や「写真加工」といったように目的などを入力、検索してダウンロードします。データ容量の大きいアプリはWi-Fi環境でしかダウンロードできないことがあります。

アプリの検索

ワザ060を参考に、[App Store]を起動し、サインインしておく

必要に応じて、ワザ023を参考に、Wi-Fi（無線LAN）に接続しておく

❶[検索]をタップ

❷検索フィールドをタップ

人気のキーワードをタップすると、アプリを検索できる

Point　QRコードでもアプリをダウンロードできる

Webページや雑誌などでは、アプリの紹介とともに、QRコードが掲載されていることがあります。[カメラ]アプリでQRコードを読み取ることで、アプリのダウンロードページが表示されるので、そこから目的のアプリがダウンロードできます。

次のページに続く

❸キーワードを入力

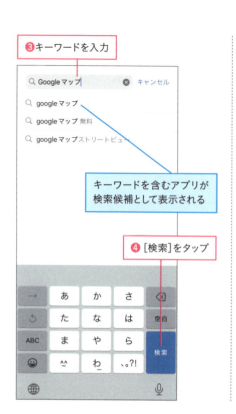

キーワードを含むアプリが検索候補として表示される

❹[検索]をタップ

アプリ名をタップすると、アプリの詳細情報を表示できる

画面を上下にスワイプすると、ほかのアプリの情報が表示される

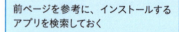

アプリのダウンロード

前ページを参考に、インストールするアプリを検索しておく

❶[入手]をタップ

有料アプリのときは価格が表示される

画面下にインストールの確認画面が表示された

❷[インストール]をタップ

有料アプリのときは、次の画面で[購入する]と表示される

顔認証（Face ID）でパスワードの入力を省ける
手順3のApple Accountのパスワード入力は、顔認証のFace IDを使って、簡単に入力できます。ダウンロード時にサイドボタンをダブルクリックすると、Face IDが起動します。パスワードを入力する手間が省けて簡単です。安全性も高いので、Face IDを活用しましょう。

アプリを更新するには
App Storeに掲載されているアプリは、新しいバージョンが公開されると、基本的には自動的に最新版へ更新されるしくみになっています。ただし、省電力モード中など、タイミングによっては、自動的に更新されないこともあります。Wi-Fiに接続でき、時間に余裕のあるときに手動でアップデートするといいでしょう。App Storeの右上にあるユーザーアイコンをタップすると、手動でのアップデートが可能です。

❸ パスワードを入力
❹ [サインイン]をタップ

[完了]と表示される

❺ [15分後に要求]をタップ

[常に要求]をタップすると、ダウンロードのたびにパスワードの入力が必要になる

ダウンロードが開始される

次のページに続く

ダウンロードが完了すると、ボタンの表示が［開く］に切り替わる

ダウンロードしたアプリのアイコンがホーム画面に追加された

［開く］をタップすると、アプリを起動できる

❻画面の下端から上にスワイプ

 Point　購入したアプリは再ダウンロードができる

一度、購入したアプリは、無料で何度も再ダウンロードができます。今後、iPhoneを買い換えたときなどは、下の手順を参考に、iPhoneにインストールされていない購入済みのアプリから、目的のアプリを選んで、再ダウンロードしましょう。同じApple Accountを使っていれば、iPadなど他の端末でも購入したアプリを再ダウンロードできます。

152ページを参考に、［アカウント］の画面を表示しておく

❶［アプリ］をタップ

❷［このiPhone上にない］をタップ

❸再ダウンロードするアプリのここをタップ

アプリが再ダウンロードされる

062 マップの基本操作を知ろう

6 | Plus | Pro | Pro Max
5 | Plus | Pro | Pro Max

マップ

外出時、目的地や経路を知るのに便利な地図アプリを活用しましょう。iPhoneには［マップ］アプリが搭載されており、地図や経路を調べることができます。拡大や縮小など、［マップ］アプリの基本操作を覚えましょう。

❶［マップ］をタップ

［マップ］が起動した

❷ 地図をピンチインして画面を縮小

位置情報の利用に関する確認画面が表示されたときは、［Appの使用中は許可］をタップしておく

［友だちが到着予定時刻を共有するときに通知を受信］の画面が表示されたときは、必要に応じて［通知を有効にする］か［今はしない］をタップしておく

［マップ］の改善についての画面が表示されたときは［許可］をタップしておく

［カスタム経路の紹介］の画面が表示されたときは、［続ける］をタップしておく

検索バーのここを下にスワイプすると、画面下部に縮小される

Point 位置情報の精度って何？

［マップ］アプリを起動したとき、［位置情報の精度］の確認が表示されることがあります。iPhoneはGPS信号が届きにくい場所では、**Wi-Fi（無線LAN）アクセスポイントの情報を使って、位置情報の精度を高める**ことがあります。Wi-Fiがオフの場合、こうしたメッセージが表示されるため、［設定］をタップして、Wi-Fiをオンにしておきましょう。

次のページに続く

地図の表示が縮小された	ドラッグ操作で位置の変更、ピンチの操作で拡大と縮小ができる

❸ 見たいエリアをダブルタップ

第6章 アプリをもっと使いこなす便利ワザ

 Point 現在地をすばやく表示する

画面右上のコンパスのアイコン（ ）をタップすると、現在地の地図が表示されます。はじめて現在地を表示したときに、[調整] という画面が表示されることがあります。画面の指示に従って、画面の赤い丸が円に沿って転がるよう、iPhone本体を動かして調整しましょう。

 Point 路線図や航空写真も表示できる

[マップ] では標準の [マップ] 表示のほかに、電車の路線図を調べられる [交通機関] や上空から写真を撮影し、建物や地形を俯瞰（ふかん）してみられる [航空写真] に切り替えることができます。また、[ドライブ] では道路の混雑状況を確認することができます。

画面右上の をタップする

地図の表示方法を変更できる

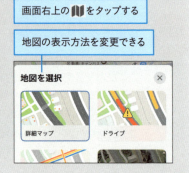

063 ルートを検索するには

経路

［マップ］アプリで現在地だけでなく、行きたい場所の地図を表示してみましょう。住所や施設名で検索することで、検索した候補からその場所の地図を表示できます。**電車やクルマを使った目的地までの経路も調べられる**ので、外出時に重宝します。

ワザ062を参考に、［マップ］を起動しておく

❶検索フィールドをタップ

目的地が検索できるようになった

❷目的地のキーワードを入力

キーワードに一致した候補が表示される

❸［検索］をタップ

Point どんなキーワードで検索できるの？

住所や施設名、会社名、店名で検索ができます。また、現在地周辺のコンビニやレストランを調べたいときは、そのまま「コンビニ」と一般的な名称を入れることで、周辺にある複数候補が表示されます。

次のページに続く

目的地周辺の地図が表示された

❺ [経路]をタップ

❹ここを
タップ

目的地の候補が複数あるときは、画面下に候補が表示される

安全についての画面が表示されたときは、[OK]をタップする

電車のアイコンが選択されているが、車や徒歩、自転車などの交通手段をタップして選択できる

 Point

好きな場所にピンを表示できる

頻繁に訪れるような場所は、ピンを置いておくと、後から経路検索がしやすくなります。地図上で任意の場所をロングタッチすると、右の画面のようにピンを追加できます。手順1の画面で画面下の部分を上にスワイプすると、[履歴]に[ドロップされたピン]として表示されます。また、[よく使う項目に追加]をタップすると、項目を追加できます。

目的地をロングタッチすると、ピンを表示できる

交通機関のそのほかの経路を選択する

❻ 利用する経路をタップ

選択した経路の詳細が表示された

ここをタップすると、1つ前の画面に戻る

ほかの経路が表示された

❼ 利用する経路をタップ

Point　Googleマップも便利

地図はGoogleが提供している「Googleマップ」もアプリをダウンロードすれば、iPhoneでも使えます。Gmailなど、Googleサービスを利用しているときは、パソコンなどと連携できて便利です。

Point　経路検索には専用アプリも便利

アップルの［マップ］アプリでは、JR東日本や東京メトロなど、首都圏の20以上の鉄道、バス、路面電車路線のリアルタイムの交通情報がわかります。また、「乗換NAVITIME」などの専用アプリを利用すると、特急や急行などの列車の種別を指定して検索できるなど、より高度な検索機能が利用できます。一部、有料サービスもあります。

064 地図のデータをダウンロードするには

16 Plus Pro Pro Max
15 Plus Pro Pro Max

オフラインマップ

いつでもどこでも［マップ］アプリを活用したいものの、電波が届きにくい山間部や海外渡航時はデータ通信がしにくいという状況があります。［マップ］アプリではあらかじめ地図などの情報を事前にダウンロードして、iPhoneに保存しておけます。

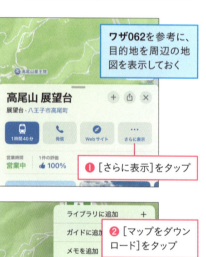

❶［さらに表示］をタップ

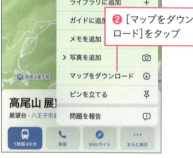

❷［マップをダウンロード］をタップ

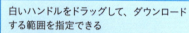

白いハンドルをドラッグして、ダウンロードする範囲を指定できる

❸［ダウンロード］をタップ

［オフラインマップ］画面が表示され、地図がダウンロードされる

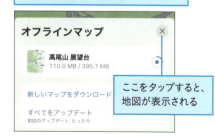

ここをタップすると、地図が表示される

Point ダウンロードした地図を管理するには

検索フィールドにあるApple Accountのアイコンをタップすると、オフラインマップを管理できます。［オフラインマップ］画面で［ストレージを最適化］を選んでおくと、しばらく使っていない地図は、自動的にiPhoneから削除されます。

065 予定を登録するには

| 6 | Plus | Pro | Pro Max |
| 5 | Plus | Pro | Pro Max |

カレンダー

友だちと会う約束や病院の予約など、日々のスケジュールをiPhoneで管理してみましょう。予定の日時や場所を簡単に登録でき、表示方法も自在に変更できるので、**1日や週、月単位で予定の確認**ができます。

❶ [カレンダー]をタップ

❷ ここをタップ

[新規]の画面が表示された

❸ タイトルを入力

❹ 場所を入力

["カレンダー"の新機能]の画面が表示されたときは、[続ける]をタップする

位置情報の利用に関する確認画面が表示されたときは、[Appの使用中は許可]をタップする

通知についての画面が表示されたときは、[許可]をタップする

次のページに続く

できる 167

ここでは9月21日19:00からに設定する

❺[開始]の日付をタップ

[終日]のここをタップすると、終日のイベントにできる

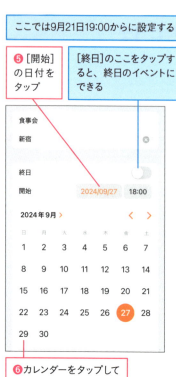

❻カレンダーをタップして日付を設定

❼[開始]の時刻をタップ

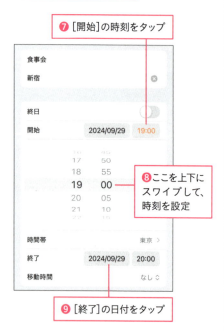

❽ここを上下にスワイプして、時刻を設定

❾[終了]の日付をタップ

手順5～手順8を参考に、終了日時を設定する

❿[追加]をタップ

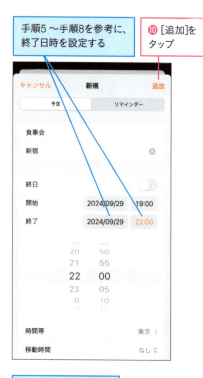

イベントを追加できた

カレンダーを月表示に切り替えて、イベントを確認する

⓫[～月]をタップ

イベントのある日付の下にイベント名が表示される

❸イベントをタップ

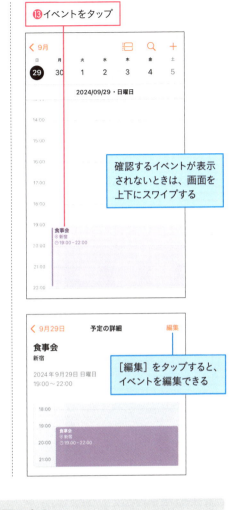

確認するイベントが表示されないときは、画面を上下にスワイプする

[編集]をタップすると、イベントを編集できる

❷イベントのある日付をタップ

Point ウィジェットで常に予定を確認できる

予定を常に確認しておきたいときには、**ワザ071**を参考に、ホーム画面に[カレンダー]のウィジェットを配置しておくと便利です。ホーム画面上に次の予定が表示されるだけでなく、ウィジェットをタップすると、すぐに[カレンダー]アプリが起動するので、別の予定もスムーズに登録できます。

Point くり返しのイベントも登録できる

定例的な会議などは、くり返しのイベントとして登録できます。167ページの手順3の画面で[繰り返し]をタップし、[毎日][毎週]などの条件を設定すれば、以後、自動的にイベントが登録されます。

066 Apple Musicを楽しむには

16 Plus Pro Pro Max
15 Plus Pro Pro Max

Apple Music

アップルは毎月一定額の料金を支払うことで、さまざまな音楽を楽しめる「Apple Music」というサービスを提供しています。新しいiPhone購入後は最初の3か月間、無料で利用できます。クラシックに特化した「Apple Music Classical」もあります。

第6章 アプリをもっと使いこなす便利ワザ

ワザ060を参考に、Apple Accountへ金額をチャージしておく

❶ [ミュージック]をタップ

Apple Musicの説明画面が表示された

[" Apple Music"の新機能]の画面が表示されたときは、[続ける]をタップする

新着ミュージックについての画面が表示されたときは、[続ける]をタップして、[許可]をタップする

❷ [今すぐ入手]をタップ

Point Apple Musicの料金プランについて

Apple Musicには月額1,080円の「個人」、月額1,680円の「ファミリー（最大6人で共有可能）」、月額580円の「学生」プランがあります。いずれも無料期間内に自動更新を停止すれば、料金はかかりません。また、Apple One（月額1,200円）という「Apple Music」「Apple TV+」「Apple Arcade」「iCloud」をまとめて利用できるサービスもあります。

最初の3カ月は課金されない

❸［サブスクリプションに登録］をタップ

サインインを求められたときは、Apple Accountのパスワードを入力して、［サインイン］をタップする

Apple Musicが有効になり、好きな曲を選択して、再生できるようになった

 Point

Apple Musicで曲を探すには

Apple Musicでは［ミュージック］の下のボタンを使って、さまざまな曲を探して、再生できます。各ボタンの役割を覚えておきましょう。

❶検索
アーティストの名前や曲名、歌詞の一部などのキーワードを入力して聴きたい曲を探し出せます

❷新着
新着やデイリートップから曲を探すことができる

❸ラジオ
好みのジャンルの曲を、ヒットチャートやジャンル別のステーションからラジオのように探せる

067 iPhoneで曲を再生するには

16 Plus Pro Pro Max
15 Plus Pro Pro Max

ミュージック

音楽を［ミュージック］アプリで再生してしまいましょう。ここではApple Musicの**音楽配信を受けて再生**する方法と、インターネットに接続できない環境でも再生できるように、**事前にダウンロード**しておいた曲を再生する方法について、説明します。

曲の選択

ワザ066を参考に、［ミュージック］を起動しておく

❶［検索］をタップ

［検索］の画面が表示された

ここでは［洋楽］を選択する

❷［洋楽］をタップ

第6章 アプリをもっと使いこなす便利ワザ

Point コントロールセンターを活用しよう

画面の右上から下にスワイプしてコントロールセンターを呼び出し、33ページの手順を参考に♪のアイコンのページに切り替えます。[再生中]のコントロールが表示されるので、そこから楽曲の再生やボリュームの調整が行えます。また再生中はダイナミックアイランドからも操作が行えます。

曲の再生

[洋楽]の画面が表示された

ここでは[Aリスト:ポップ]のプレイリストを選択する

❶ [Aリスト:ポップ]のプレイリストをタップ

プレイリストの再生画面が表示された

❷ [再生]をタップ

画面下に曲名が表示され、曲が再生された

ここをタップすると、曲が一時停止する

画面下の曲名をタップすると、176ページの再生画面が表示される

次のページに続く

曲のダウンロード

ここでは前ページで再生した曲をダウンロードする

❶ここをタップ

ライブラリの同期についての画面が表示されたら、[ライブラリの同期をオンにする]をタップしておく

❷ここをタップ

[ドルビーアトモスのダウンロードをオンにしますか?]の画面が表示されたときは、[今はしない]をタップする

曲がダウンロードされ、アイコンの形が変わった

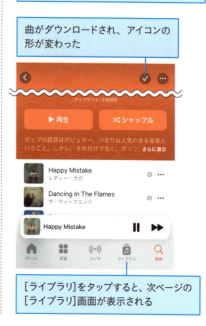

[ライブラリ]をタップすると、次ページの[ライブラリ]画面が表示される

Point 音楽を聴きながら他の操作ができる

音楽の再生中は他のアプリも利用できます。再生の操作をしたいときは画面上部のダイナミックアイランドをタップするか、あるいはコントロールセンターを使います。再生中に着信があったときは、音楽の再生が中断され、着信音が鳴ります。通話中は再生が一時停止しますが、通話が終了すると自動的に音楽の再生が再開されます。

［ライブラリ］の画面の構成

❶ **ライブラリ**
曲の一覧が表示される

❷ **プレイリスト**
プレイリストごとに曲が表示される

❸ **アーティスト**
アーティストごとに項目が表示される

❹ **アルバム**
アルバムごとに項目が表示される

❺ **曲**
曲ごとに項目が表示される

❻ **ダウンロード済み**
iPhoneにダウンロードしてある曲のみ表示される

❼ **最近追加した項目**
最近追加した項目が表示される

❽ **Apple Music**
Apple Music（**ワザ066**）を登録すると、定額聴き放題が利用できる

❾ **検索**
曲を検索できる

Point イヤホンで音楽を楽しむには

iPhone 16/15シリーズには一般的な3.5mmのイヤホンマイク端子がありません。イヤホンで音楽を聴くには、USB-C端子に接続可能な市販のイヤホンマイクを購入するか、別売りの「USB-C-3.5mmヘッドフォンジャックアダプタ」を用意する必要があります。また、別売りのワイヤレスイヤホンの「AirPods」や「AirPods Pro」、市販のBluetooth接続のワイヤレスイヤホンを利用することもできます。Bluetooth接続の方法は、**ワザ102**を参照してください。

次のページに続く

［ミュージック］の再生画面の構成

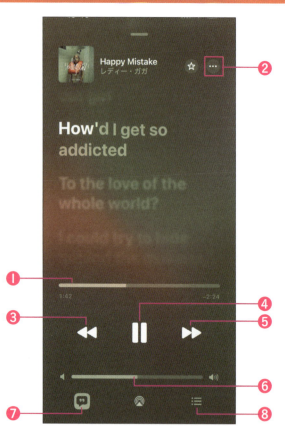

❶再生ヘッド
再生位置を変更できる

❷メニュー
曲の共有や削除、プレイリストへの追加などの操作メニューを表示できる

❸前へ／早戻し
前の曲を再生する。ロングタッチで早戻し（巻き戻し）ができる

❹再生／一時停止
曲の再生や一時停止ができる

❺次へ／早送り
次の曲を再生する。ロングタッチで早送りができる

❻音量
音量を調整できる

❼再生中の曲の歌詞が表示される。歌詞が表示されない曲もある

❽［次に再生］の画面が表示される

068 定額サービスを解約するには

サブスクリプションの設定

音楽や映像などの配信サービスには、毎月一定額を支払うことで「使い放題」になるサブスクリプションサービスがあります。こうしたサービスは自動的に支払いが継続されるため、途中で辞めたいときは、[設定]から契約の状況を確認したり、停止できます。

ワザ026を参考に、[アカウント]画面を表示しておく

❶ 自分のアカウントをタップ

❷ [サブスクリプション]をタップ

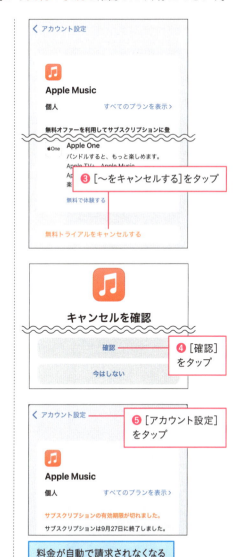

❸ [〜をキャンセルする]をタップ

❹ [確認]をタップ

❺ [アカウント設定]をタップ

料金が自動で請求されなくなる

069 アプリを並べ替えるには

16 | Plus | Pro | Pro Max
15 | Plus | Pro | Pro Max

アプリの整理

ホーム画面に配置されているアプリは、自分の好きなように並べ替えることができます。よく使うアプリを最初に開くホーム画面に並べたり、アプリの種類ごとにまとめることによって、効率よく操作できるようになり、iPhoneを快適に使えるようになります。

❶アイコンの間をロングタッチ

初回操作時は、[ホーム画面を編集]の画面で[OK]をタップする

アイコンが波打つ表示になった

❷アイコンを移動先までドラッグ

アイコンが移動した　❸[完了]をタップ

アイコンの配置が変更できた

Point ホーム画面の次のページが追加される

アプリをインストールすると、ホーム画面にアプリのアイコンが追加されますが、**ひとつのホーム画面にアイコンが埋まると、自動的にホーム画面の次のページが追加**されます。インストールしたアプリが見つからないときは、ホーム画面をスワイプしてみましょう。また、ホーム画面をくり返し左にスワイプしたときに表示される「アプリライブラリ」でもアプリを検索することができます。

Point Dockのアプリも入れ替えられる

ホーム画面の最下段に表示されている「Dock」は、ホーム画面を次のページに切り替えても常に同じアプリが表示されます。出荷時は［電話］［Safari］［メッセージ］［ミュージック］が登録されていますが、**自分の使い方に合わせて、自由に変更**できます。このワザで説明した並べ替えを参考に、［カメラ］や［メール］など、自分がよく使うアプリをDockに収納しておくと便利です。必要に応じて、入れ替えましょう。

前ページの操作で、Dockのアプリも自由に入れ替えられる

070 アプリをフォルダに まとめるには

16 Plus Pro Pro Max
15 Plus Pro Pro Max

フォルダ

ホーム画面にたくさんのアプリが配置されると、目的のアプリを探しにくくなります。そんなときは同じカテゴリーや利用シーン別にアプリをフォルダーにまとめることができます。あまり使わないアプリも整理しておけば、ホーム画面が見やすくなります。

ワザ069を参考に、アイコンが波打つ表示にしておく

❶まとめるアプリのアイコンをほかのアプリのアイコンの上にドラッグ

❷フォルダをタップ

ここをタップすると、フォルダ名を変更できる

❸フォルダの外をタップ

画面右上の[完了]をタップすると、通常の状態に戻る

Point　フォルダを上手に活用しよう

フォルダを使うと、ホーム画面を整理しやすくなります。たとえば、「動画サービス」「SNS」など、用途別にアプリをまとめることで、ホーム画面がすっきりした見た目になります。1つのフォルダには100以上のアプリを登録できるので、たくさんアプリがインストールされていてもフォルダーにまとめることで、ホーム画面を何回もスワイプする手間を省けます。

Point　フォルダを削除するには

フォルダを削除したいときは、フォルダからすべてのアプリを外にドラッグします。フォルダからアプリがなくなると、自動的にフォルダが消滅します。

071 ウィジェットをホーム画面に追加するには

ウィジェット

ホーム画面に天気やニュース、スケジュールなどの情報を常に表示することが可能です。ウィジェットというミニアプリをホーム画面に配置することで、個別のアプリをいちいち起動しなくても、ホーム画面で最新情報をすぐに確認できます。

ワザ069を参考に、アイコンが波打つ表示にしておく

❶ [編集]をタップ

❷ [ウィジェットを追加]をタップ

ここを左右にスワイプすると、サイズなどが変更できる

❹ [ウィジェットを追加]をタップ

ここでは[時計]のウィジェットを追加する

❸ [時計]をタップ

ホーム画面に横長のウィジェットが追加された

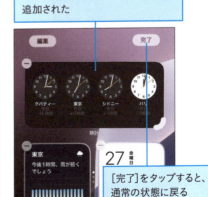

[完了]をタップすると、通常の状態に戻る

072 不要なアプリを片付けるには

16 Plus Pro Pro Max
15 Plus Pro Pro Max

アプリの削除

あまり使わないアプリは、ホーム画面から片付けて、整理しましょう。ホーム画面からアプリを取り除き、表示させない方法とアプリを削除する方法があります。前者の方法なら、必要なときにアプリライブラリから、すぐに起動できます。

ホーム画面からアプリを取り除く

ここでは［YouTube］のアプリを移動する

❶ 移動したいアプリをロングタッチ

アプリのメニューが表示された

❷［アプリを削除］をタップ

❸［ホーム画面から取り除く］をタップ

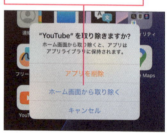

［YouTube］のアプリがホーム画面から取り除かれ、アプリライブラリに移動した

Point アプリが持つデータも削除される

アプリを削除すると、アプリの設定やデータも削除されます。そのアプリをもう一度、インストールすると、アプリの再設定が求められたり、ゲームは最初からプレイし直す必要があります。

アプリの削除

ワザ005を参考に、ホーム画面を切り替えておく

❶削除するアプリをロングタッチ

アプリのメニューが表示された

❷[アプリを削除]をタップ

アプリの削除を確認する画面が表示された

❸[アプリを削除]をタップ

❹[削除]をタップ

アプリが完全に削除される

次のページに続く

アプリライブラリからのアプリの削除

ホーム画面を一番右までスワイプしておく

ここでは140ページでホーム画面から移動した[YouTube]のアプリを削除する

アイコンが小さく表示されているときは、一度、タップする

❶ アイコンをタップ

アイコンが大きく表示されているときは、そのままロングタッチする

❷ 削除するアプリをロングタッチ

❸ [アプリを削除]をタップ

[ホーム画面に追加]をタップすると、ホーム画面にアプリアイコンが表示される

[アプリを削除]が表示されないアプリは削除できない

❹ [削除]をタップ

アプリが完全に削除される

 Point **使わないアプリは積極的に断捨離しよう**

アプリライブラリはiPhoneにインストールされているすべてのアプリがカテゴリ別に分類されています。もし、これらの中にまったく使わないアプリがあるときは、思い切って、削除してしまいましょう。使わないアプリを削除すれば、本体の空き容量を増やすことができます。本体のストレージ容量が足りないというメッセージが出てきたら、まずはアプリの「断捨離」をオススメします。

第 7 章

写真と動画が楽しくなる快適ワザ

073 いろいろな方法で撮影するには

16 Plus Pro Pro Max
15 Plus Pro Pro Max

撮影モード

[カメラ]アプリを起動すると、中央にファインダー画面が表示されます。下段の「写真」や「ポートレート」は撮影モードで、左右にスワイプすると、さまざまな撮影モードに切り替えられます。画面の比率も変更できます。

[カメラ]の画面構成

❶ **フラッシュ**
フラッシュのオン/オフ/自動を切り替える
❷ [カメラ]の設定を表示する
❸ **Live Photos**
Live Photosのオン/オフを切り替える。オフのときはアイコンに斜線が表示される
❹ **フォトグラフスタイル**
写真の雰囲気を微調整できる。iPhone 15シリーズは操作方法が異なる
❺ **ズーム**
ズームの倍率を変更できる。機種によって選択できる倍率が異なる
❻ 背面側カメラと前面側カメラを切り替える
❼ 直前に撮影した写真や動画が表示される
❽ **シャッターボタン**
写真の撮影や動画の撮影開始・終了時にタップする
❾ **撮影モード**
[カメラ]には以下の表のように8つの撮影モードが用意されている。左右にスワイプすると、撮影モードが切り替わる

撮影モード	特長
タイムラプス	同じ場所で一定時間の動きを撮影し、撮影時よりも短い時間で再生する方法。雲や道路の動きを撮影すると、ユニークな動画になる
シネマティック	被写界深度を活かし、背景をぼかして被写体を際立たせた動画を撮影できる
ビデオ(ワザ077)	動画を撮影できる。撮影中にシャッターボタンで静止画を撮影できる
写真(ワザ021)	静止画を撮影できる。Live Photosでは数秒間の動きを捉えた写真を撮影可能
ポートレート(ワザ076)	人物の撮影に適していて、被写界深度の効果を活かし、背景をぼかしながら、主な被写体を際立たせた写真が撮影できる
空間	Apple Vision Proで再生できる立体的な写真やビデオを撮影できる
パノラマ	拡がりがある景色などでiPhoneを動かしながら撮影し、ワイドな写真を生成できる

Point 撮影モードや操作によって、画面が切り替わる

iPhoneの[カメラ]アプリは、撮影モードや操作によって、表示される画面の内容が切り替わります。たとえば、撮影モードを[ビデオ]に切り替えると、ファインダーは全体に拡大します。iPhone 16シリーズでは右側面のカメラコントロールを弱く押すと、各機能を操作するためのメニューが表示されます。

Point 自分撮りをするには

[カメラ]アプリで右下の◎をタップすると、背面カメラと前面カメラを切り替わり、前面カメラでは自分撮りができます。[ポートレート]や動画の撮影も可能です。

ここをタップすると、本体前面のカメラに切り替わる

正方形の比率で撮影

ワザ021を参考に、[カメラ]を起動しておく

❶ ここをタップ

設定メニューが表示された

❷ [4:3]をタップ

次のページに続く

ここでは正方形の比率で撮影する

❸ [スクエア]をタップ

❹ シャッターボタンをタップ

> **Point** **暗い場所では自動的にナイトモードに切り替わる**
>
> iPhoneの [カメラ] アプリでは、周囲が暗いところで自動的に「ナイトモード」に切り替わり、より明るく写真が撮影できます。ナイトモードではシャッターをタップしたとき、光を取り込む時間などを調整して、撮影されます。撮影時には手ぶれが起きないように、しっかりと本体を持って、撮影しましょう。ナイトモードをオフにしたいときは、左上のアイコンをタップします。

暗い場所ではナイトモードが自動的に起動し、明るく撮影できる

074 ズームして撮影するには

16 | Plus | Pro | Pro Max
15 | Plus | Pro | Pro Max

ズーム

iPhone 16/15シリーズはいずれの機種でも少し離れた被写体に寄って撮影する「ズーム」が利用できます。ズームできる倍率は機種によって違い、「0.5x」「1x」「2x」「2.5x」「3x」「5x」などが選べます。iPhone 16シリーズではカメラコントロールでも操作できます。

ワザ021を参考に、[カメラ]を起動しておく

❶ [0.5]をタップ

超広角レンズに切り替わり、[0.5x]と表示された

❷ ここをロングタッチ

ズーム倍率を示すダイヤルが表示された

❸ ここをドラッグして、倍率を調整

❹ シャッターボタンをタップ

075 すばやく動く被写体を撮影するには

16 | Plus | Pro | Pro Max
15 | Plus | Pro | Pro Max

連写（バーストモード）

動きの速い被写体はシャッターチャンスを逃したり、思ったような写真が撮影できないことがあります。そのようなときはバーストモードが便利です。シャッターボタンを左にスワイプしたままにすると、バーストモードで連写ができます。

ワザ063を参考に、[カメラ]を起動しておく

❶シャッターボタンを左にスワイプ

❷シャッターボタンから指を離す

連写が終了する

高速連写がはじまり、ここに連写した写真の枚数が表示される

 Point 本体を横向きに構えても連写できる

iPhoneを横向きに構え、シャッターボタンが右側に表示されているときは、シャッターボタンを下向き（本体長辺側）にスワイプすると、連写ができます。

ここでは続けて、連写した写真を表示する

❸写真をタップ

[バースト]と表示され、連写した枚数が表示された

❹[バースト]をタップ

連写した写真が表示された

❺左右にスワイプして、好みの写真を表示

❻ここをタップして、チェックマークを付ける

❼[完了]をタップ

❽[〜枚のお気に入りのみ残す]をタップ

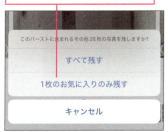

選択した写真のみが保存される

[すべて残す]をタップすると、連写したすべての写真が保存される

076 美しいポートレートを撮るには

ポートレート

人物を撮影するときは、撮影モードを［ポートレート］に設定します。ポートレートは肖像画や肖像写真という意味で、奥行のある場所で撮影すると、背景をぼかし、人物を際立たせた雰囲気のある写真を撮ることができます。

ワザ021を参考に、［カメラ］を起動しておく

❶画面を左にスワイプ

［ポートレート］の［自然光］に表示が変わった

❷シャッターボタンをタップ

Point ズームの倍率が切り替えられる

［ポートレート］モードでは左下に表示される「1x」や「2x」などをタップすると、ズームの倍率を切り替えることができます。iPhoneのモデルによって、倍率が異なりますが、少し離れた被写体を撮影するときにタップしてみましょう。

Point 照明の効果を選択できる

[ポートレート]モードでは画面中央下のアイコンを左右にスワイプすると、照明の効果(ポートレートライティング)を選ぶことができます。[スタジオ照明]では顔がやや明るめに、[コントゥア照明]では顔のディテールが強調され、[ステージ照明]では顔にスポットライトが当たり、背景が暗くなります。[ハイキー照明(モノ)]では背景が白くなり、人物が浮かび上がったような写真が撮影できます。迷ったときは[自然光]で撮っておきましょう。撮影後に[写真]アプリで編集すれば、照明効果を変更できます。

ここを左右にスワイプすると、照明の効果を変更できる

Point [ポートレート]モードに適した撮影場所は?

撮影場所を選ぶと、[ポートレート]モードをより活かした写真を撮ることができます。たとえば、前ページのように、背景が見通せる場所では、程良く背景がボケて、雰囲気のある写真が撮影できます。逆に、人物の手前に木々などをぼかして、人物にピントを合わせたポートレート撮影もできます。また、ポートレート撮影では被写体との距離感をつかむことも大切です。被写体ではなく、撮影者が動くことで、距離を調整し、ポートレートに適した構図を作り出すように心がけましょう。

被写体の手前にぼかすものを用意して撮ると、印象的な写真に仕上がる

077 動画を撮影するには

16 Plus Pro Pro Max
15 Plus Pro Pro Max

ビデオ

iPhoneで動画を撮影するには、［カメラ］アプリの画面を右にスワイプして、撮影モードを［ビデオ］に切り替えます。撮影モードが［写真］のとき、シャッターボタンを右にスワイプして、動画を撮影することもできます。

ワザ021を参考に、［カメラ］を起動しておく
❶画面を右にスワイプ
［ビデオ］と表示され、［ビデオ］モードに切り替わった
❷シャッターボタンをタップ

撮影中は赤く表示される
ここをタップすると、静止画を保存できる
もう一度、タップすると、動画の撮影が終了する

動画をズームして撮影できる

［カメラ］アプリの画面に指を当て、2本の指を広げたり（ピンチアウト）、狭めたり（ピンチイン）すると、ズームの調整ができます。iPhone 16シリーズではカメラコントロールで［ズーム］を選び、スライドさせると、ズームができます。

映画のような演出で撮影できる［シネマティック］モード

［カメラ］アプリの［シネマティック］モードは、［ビデオ］モードで撮影したときと違い、映画のような演出ができます。任意の撮影対象にピントを合わせ、周囲や背景をぼかすことで、映像に意味を持たせる「ピント送り」での撮影ができます。振り返る人物の目線の動きに合わせて、後ろの対象物に自動的にピントを合わせることで、視線の動きなどを表現できます。［シネマティック］モードで手動でピントを合わせるときは、画面上の対象をタップします。撮影した動画は、編集するとき（**ワザ081**）にピント位置を調整することができます。

特定の対象にピントを合わせて、まわりをぼかすことで、映画的な効果が生まれる

［写真］モードのままですばやく動画を撮影できる

［カメラ］を起動して、［写真］モードのまま、シャッターボタンをロングタッチすると、タッチしている間だけ動画撮影ができます。連続して動画撮影をしたいときには、右の画面を参考にシャッターボタンを錠前のアイコンまでドラッグすると、［ビデオ］モードの場合と同様に、連続して撮影ができます。ただし、注意したいのは画角です。［カメラ］での画角が適用されるので、［ビデオ］にしたときの16:9ではなく、4:3や1:1になることがあります。画角の変更は、**ワザ073**を参照してください。

［写真］モードでシャッターボタンをロングタッチしている間だけ、動画撮影ができる

タッチしながら、ここまでドラッグすると、指を離しても動画が撮影され続ける

078 撮影した場所を記録するには

16 Plus Pro Pro Max
15 Plus Pro Pro Max

位置情報サービス

[設定]アプリで、位置情報サービスをオンにして、位置情報を取得できる場所で撮影すると、写真に位置情報（ジオタグ）が追加されます。後で写真を見たとき、撮影した場所を住所や地図で確認することができます。

ワザ023を参考に、[設定]の画面を表示しておく

❶ [プライバシーとセキュリティ]をタップ

位置情報サービスの設定を確認する

❷ [位置情報サービス]をタップ

❸ [位置情報サービス]がオン、[カメラ]が[使用中のみ]になっていることを確認

ここをタップすると、アプリの位置情報の利用をオフにできる

 Point [カメラ]の初回起動時に設定できる

[カメラ]アプリをはじめて起動したとき、位置情報サービスの利用を確認する画面が表示されることがあります。[OK]をタップすると、位置情報サービスが有効に設定されます。

079 写真に写った文字を読み取るには

テキスト認識表示

［写真］アプリで文字が写った写真を表示し、文字の部分を長押しすると、文字が認識されます。表示されたメニューで［コピー］を選んだり、［翻訳］で翻訳したり、［Webを検索］で認識した文字で検索することもできます。

ワザ022を参考に文字が写った写真を表示しておく

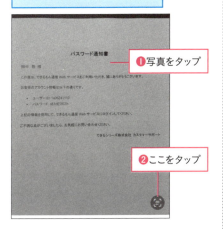

❶写真をタップ
❷ここをタップ

［コピー］をタップすると文字がコピーされる

写真から認識された文字列がハイライト表示された

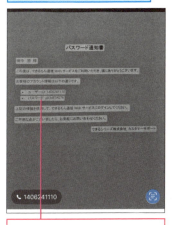

❸コピーする文字列をロングタップ

Point 撮影するときにも文字認識ができる

［カメラ］アプリで撮影するときも文字を認識できます。［カメラ］アプリで右下のアイコンをタップすると、文字が認識されます。認識した部分をタップすると、コピーしたり、翻訳したりできます。

［カメラ］でここをタップすると、文字認識の画面が表示される

080 撮影日や撮影地で写真を表示するには

16 Plus Pro Pro Max
15 Plus Pro Pro Max

［写真］アプリ・コレクション

写真や動画を見るときは、［写真］アプリを使います。iPhoneで撮影したものだけでなく、iCloudで同期したり、Webページからダウンロードした写真や動画、スクリーンショットなども［写真］アプリで表示できます。

撮影日で写真を表示

ワザ022を参考に、写真の一覧を表示しておく

❶［月別］をタップ

撮影した写真が月ごとに分類されて表示された

❷［年別］をタップ

撮影した写真が年ごとに分類されて表示された

［すべて］をタップすると、手順1の画面に戻る

 Point 写真を並べ替えて表示できる

［写真］アプリで写真を表示したとき、画面最下段の左下のアイコンをタップすると、撮影日順で並べ替えたり、［フィルタ］で写真やビデオだけに絞り込んで表示できます。

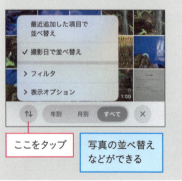

ここをタップ　写真の並べ替えなどができる

撮影地で写真を表示

ワザ022を参考に、写真の一覧を表示しておく

❶ [×]をタップ

写真のメニューが表示された

❷ メニューを上にスワイプ

❸ [地図]をタップ

写真が地図上に表示された

[×]をタップすると、地図が閉じる

ピンチ操作で地図を拡大・縮小して表示できる

Point [メモリー]でスライドショー動画を見る

手順2の画面に表示されている[メモリー]は、撮影された何枚もの写真などに音楽を付けたパーソナルなコレクションです。たとえば、旅行に出かけたときの写真が「〇〇への旅」のようにまとめられ、スライドショー動画のように楽しめます。作成されたメモリーを家族と共有して楽しんだり、自分好みに編集することもできます。

081 写真を編集するには

写真の編集

[写真]アプリは写真やビデオを表示するだけでなく、多彩な編集機能も備えています。切り出し（トリミング）や回転、傾き補正、明るさや色合いの調整などを使って、写真を編集することができます。

写真の編集画面を表示

ワザ022を参考に、編集する写真を表示しておく

画面の上下に補正と加工の項目が表示された

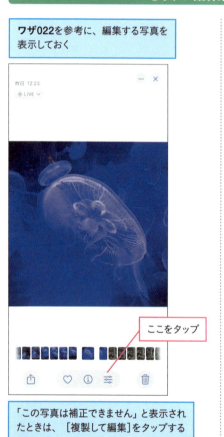

ここをタップ

「この写真は補正できません」と表示されたときは、[複製して編集]をタップする

Point 編集した写真はいつでも元の状態に戻せる

編集した写真は、もう一度、編集画面を表示させ、編集操作をやり直したり、取り消したりすることで、元の状態に戻すことができます。

写真の補正・加工項目

❶ **キャンセル**
編集内容を破棄する

❷ **保存**
編集内容を保存する

❸ **マークアップ**
ペンなどで写真に描き込む

❹ **スタイル**
写真の色合いを変更できる

❺ **Live Photos**
Live Photosで撮影された写真の一覧を表示できる

❻ **調整**
写真を修整できる。露出など16項目から設定可能

❼ **切り取り**
不要な部分を取り除いて、写真を切り抜ける

写真のトリミング

写真の補正・加工項目を表示しておく

❶ ここをタップ

四角形の枠線が表示された

❷ 枠の四隅をドラッグして、トリミングの範囲を選択

目盛りをスワイプすると、傾きを調整できる

次のページに続く

トリミングの範囲を選択できた

❸ここをタップ

[…]をタップして、[オリジナルに戻す]を
タップすると、元の状態に戻る

> **Point** 写真の中の対象物を自動的に切り出せる
>
> [写真]アプリではトリミングや回転などの編集のほかに、人物や建物、料理など、写真の一部を切り抜くように切り出すことができます。対象物をロングタッチすると、そこだけを切り出され、表示されたメニューから[コピー]して、[メモ]アプリなどに貼り付けたり、[共有]からメールに添付したり、ステッカーに追加したりできます。
>
>
>
> ロングタッチすると、写真の中の対象物を切り出せる

082 写真を共有するには

16 Plus Pro Pro Max
15 Plus Pro Pro Max

写真の共有

写真やビデオをメールやSNSなどを利用して、共有してみましょう。共有できるサービスがアイコンで表示されるので、簡単に共有することができます。複数の写真をまとめて共有することもできます。

ワザ022を参考に、共有する写真を表示しておく

❶ ここをタップ

写真の共有メニューが表示された

❷ [メール]をタップ

Point 写真をいろいろな方法で共有できる

ここでは写真をメールに添付していますが、X（旧Twitter）やFacebook、InstagramなどのSNSに投稿したり、AirDropで周囲に居る友だちや家族のiPhoneなどに転送することもできます。

次のページに続く

写真を添付したメールの作成画面が表示された

ワザ045を参考に、メールを送信する

 Point

共有画面から多彩な機能が利用できる

手順1の右上にある［…］をタップして［スライドショーで再生］を選ぶと、［写真］アプリにある写真が音楽といっしょに自動表示されます。［アルバムに追加］を選ぶと、マイアルバム内の任意のフォルダに写真を登録したり、新規アルバムを作って、写真を整理できます。［非表示］は削除せずに、表示をオフにする機能です。ほかの人に見られたくない写真などを分類するときに便利です。

 Point

送信先のアプリを追加できる

前ページの手順2のの画面で、アプリのアイコン一覧を左にスワイプして表示される［その他］をタップすると、写真を送れるアプリの一覧が表示されます。ここに表示されるのは、App Storeからダウンロードしたものを含む写真共有に対応するアプリです。この画面で右上の［編集］をタップし、［候補］にあるアプリの左の［+］をタップすると、手順2の画面に優先的に表示されます。逆に、アプリの右のスイッチをオフにすると、そのアプリは候補として表示されなくなります。

［その他］をタップ

写真を送れるアプリの一覧が表示された

083 近くのiPhoneに写真を転送するには

AirDrop

「AirDrop」を使えば、近くに居るiPhone、iPad、Macを持つ人に、写真などを直接、送信できます。モバイルデータ通信を使わないので、サイズの大きいファイルを送信できますが、他のスマートフォンやパソコンには送信できません。

ワザ022を参考に、共有する写真を表示しておく

❶ ここをタップ

❷ [AirDrop]をタップ

❸ 送信する相手をタップ

相手のiPhoneに共有の確認画面が表示される

Point　複数のファイルを同時に送れる

手順2の画面で、写真を左右にスワイプしてタップすると、複数の写真を選んで送信できます。また、207ページの手順を参考に、写真の一覧から複数の写真を選択してから、画面左下のアイコン（□↑）をタップしても同じように送信できます。

次のページに続く

▶ 相手の画面

AirDropで写真を受信するかどうかを確認する画面が表示された

［受け入れる］をタップ

写真がダウンロードされる

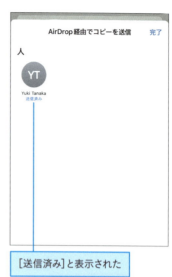

［送信済み］と表示された

Point AirDropを受信できるようにするには

AirDropでファイルを受信するには、受信設定をオンにして、相手のiPhoneから自分のiPhoneが検出できるようにする必要があります。このとき、［すべての人（10分間のみ）］を選ぶと、公共交通機関や人混みの中で、他人のiPhoneに検出されてしまいます。普段は［受信しない］や［連絡先のみ］にしておき、必要なときに設定を変えるようにしましょう。

ワザ009を参考に、コントロールセンターのコネクティビティのページを表示しておく

［AirDrop］をタップ

ここをタップして、AirDropでやりとりできる相手を選択する

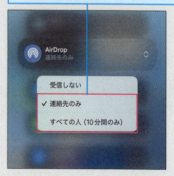

084 写真や動画を削除するには

16 | Plus | Pro | Pro Max
15 | Plus | Pro | Pro Max

写真や動画の削除

iPhoneのストレージの空き容量が足りなくなったら、不要な写真やビデオ（動画）を削除しましょう。特に、ビデオはサイズが大きいので、削除することで、容量の節約になります。残しておきたいものは、事前にバックアップしておきましょう。

ワザ022を参考に、[ライブラリ]の画面を表示しておく

❶[選択]をタップ

❷削除する写真をタップして、チェックマークを付ける

スワイプして、連続した写真を選択することもできる

❸ここをタップ

Point 写真をバックアップするには

写真やビデオは、iCloud写真（ワザ085）をはじめ、GoogleフォトやOneDriveなどのサービスでバックアップできます。これらのサービスに保存しておけば、他のスマートフォンやパソコンでも写真やビデオをいつでも確認したり、ダウンロードすることができます。

次のページに続く

❹ [写真〜枚を削除]をタップ

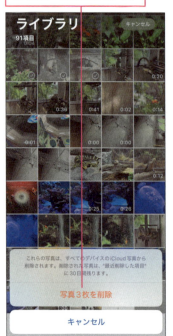

選択した写真が削除される

 Point 間違って削除したときは

削除した画像は写真のメニューにある[最近削除した項目]に一時的に保存されます(199ページ参照)。[最近削除した項目]の内容を表示するときは、Face IDでロックを解除する必要があります。本体の空き容量を増やしたいときには、ここからアイテムを選び、[削除]を実行すると、すぐに削除できます。そのままにしておくと、30日以内に自動的に削除されます。

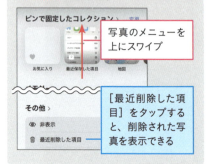

写真のメニューを上にスワイプ

[最近削除した項目]をタップすると、削除された写真を表示できる

 Point 写真を1枚ずつ削除してもいい

このワザで解説している方法は、複数の写真をまとめて削除できますが、誤ってほかの写真もいっしょに削除してしまう恐れもあります。ワザ022を参考に、1枚の写真を表示した後、右下のごみ箱アイコンをタップして[写真を削除]をタップする方法なら、写真の内容を1枚ずつ確認しながら削除できます。

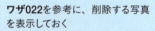

ワザ022を参考に、削除する写真を表示しておく

ここをタップ

085 iCloudにデータを保存するには

6 | Plus | Pro | Pro Max
5 | Plus | Pro | Pro Max

iCloud写真

ワザ025、ワザ026でApple AccountとiCloudの設定をしておくと、撮影した写真やビデオのデータは「iCloud写真」に自動で保管されます。ここではiPhoneの中にある古い写真の保存方法を確認しておきます。

ワザ023を参考に、[設定]の画面を表示しておく

❶ [アプリ]をタップ

❷ [写真]をタップ

[iCloud写真]のここをタップすると、オン/オフを切り替えられる

[iPhoneのストレージを最適化]を選択すると、古い写真やビデオのオリジナルをiCloudに保管して、本体の空き容量を効率的に使える

Point iCloud写真の保存容量は？

iCloud写真は写真やビデオを5GBまで無料で保存できます。期間の制限もありません。50GB（月額130円）から2TB（月額1,300円）までの3段階で、追加容量を購入可能です（ワザ112）。Apple Oneの個人プラン（月額1,200円）には50GB、ファミリープラン（月額1,980円）には200GBの保存容量が含まれます。

次のページに続く

パソコンのWebブラウザー経由でも見られる

iCloud写真に保存した写真は、パソコンのWebブラウザーからiCloudにアクセスし、閲覧することができます。パソコンの画面で大きく表示したり、ダウンロードしてパソコンに保存したりできるので、便利です。

ワザ110を参考に、パソコンでiCloudのWebページにアクセスする

❶画面の指示に従って、2ファクタ認証の確認コードを入力

[このブラウザを信頼しますか?]と表示されたときは
[信頼する]をクリックする

❷[写真]をクリック

[iCloud写真]の画面が表示された

ここをクリックすると、パソコンにある写真をアップロードできる

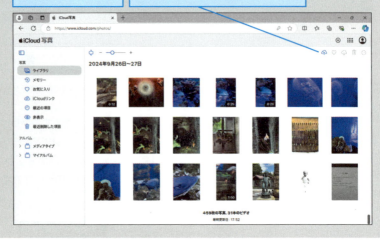

第 **8** 章

快適に使えるようになる
設定ワザ

086 壁紙やロック画面を設定するには

16 Plus Pro Pro Max
15 Plus Pro Pro Max

壁紙

［設定］アプリの［壁紙］では、ロック画面とホーム画面の背景に、写真や天気に応じて変化する画像を設定したり、ロック画面のウィジェットやショートカットアイコンを設定するなどのカスタマイズができます。

ワザ023を参考に、［設定］の画面を表示しておく

❶画面を下にスクロール

❷［壁紙］をタップ

ここでは新しい壁紙を追加してから設定する

❸［新しい壁紙を追加］をタップ

Point　iPhoneで撮影した写真を壁紙にできる

手順4の画面で［写真］を選ぶと、撮影した写真の一覧画面が表示されるので、設定したい写真をタップします。ピンチ操作（ワザ003）で写真を拡大し、写真の一部だけを壁紙にすることもできます。

ここでは [天気とアストロノミー] の壁紙を選択する

❹画面を下にスクロール

❺ここをタップ

❻ [追加] をタップ

ここではホーム画面とロック画面の両方に壁紙を設定する

❼ [壁紙を両方に設定] をタップ

画面上のアイコンをタップするか、画面を上下にスワイプすると、カテゴリー別の壁紙が表示される

壁紙が設定される

画面を上にスワイプして [設定] を終了しておく

 Point ウィジェットなども設定できる

手順6の画面で、日付や時刻、中段のウィジェット、下段のショートカットアイコンをタップすると、それぞれの要素を変更したり、追加したりできます。この日時やウィジェットの表示はロック画面のみで、ホーム画面には背景画像だけが設定されます。

087 ロック画面をカスタマイズするには

16 Plus Pro Pro Max
15 Plus Pro Pro Max

ロック画面のカスタマイズ

ワザ086で複数の壁紙を設定しておくと、このワザの手順で表示する壁紙を切り替えたり、壁紙ごとに日付や時刻の表示形式、ウィジェットとショートカットの設定をカスタマイズすることができます。

第8章 快適に使えるようになる設定ワザ

ここではワザ086で設定した［天気］の壁紙のウィジェットを変更する

ワザ002を参考に、ロック画面を表示しておく

❶画面をロングタッチ

ここを左右にスワイプすると、壁紙が変更できる

❷［カスタマイズ］をタップ

❸［ロック画面］をタップ

ウィジェットの設定画面が表示された

❹ウィジェットをタップ

ここでは左下の[天気]のウィジェットを
[カレンダー]に変更する

❺ウィジェットのここをタップ

[ウィジェットを追加]を下にスクロール
すると、さらにウィジェットが表示される

❻追加するウィジェットを枠内にドラッグ

[カレンダー]のウィジェットが
追加された

❼[×]をタップ

❽[完了]をタップ

前ページの手順2の画面でロック画面を
タップして、カスタマイズを終了する

088 ロックまでの時間を変えるには

16 Plus Pro Pro Max
15 Plus Pro Pro Max

自動ロック

iPhoneは一定時間、操作がなかったとき、自動的にロックされ、スリープ状態に移行する「自動ロック」機能が用意されています。iPhoneを使い終わった後にサイドボタンを押し忘れても自動的にスリープ状態に移行して、消費電力を抑えます。

ワザ023を参考に、[設定]の画面を表示しておく

❶[画面表示と明るさ]をタップ

❷画面を下にスクロール

❸[自動ロック]をタップ

ここでは3分以上、操作しなかったときに自動ロックするように設定する

❹[3分]をタップ

Point　Proモデルは画面が消灯しない

iPhone 16/15シリーズのProモデルはスリープ中もロック画面が表示されます。暗く表示されるため、消費電力は抑えられていますが、手順1の画面にある[常に画面オン]をオフにすると、完全に消灯するようになります。

089 画面の自動回転を固定するには

16 | Plus | Pro | Pro Max
15 | Plus | Pro | Pro Max

画面縦向きのロック

アプリによっては、iPhoneを横向きに持つと、画面の表示も自動で回転し、画面が横長に表示されます。ベッドに横になって、iPhoneを使うときなどに［画面縦向きのロック］をオンにすると、画面が自動で回転しなくなります。

ワザ009を参考に、コントロールセンターを表示しておく

［画面縦向きのロック］をタップしてオンに設定

［画面縦向きのロック］がオンに設定された

Point　コントロールセンターの項目はカスタマイズできる

コントロールセンターでアイコン以外の部分をロングタッチすると、表示されている項目をカスタマイズできます。各項目の移動や削除、［コントロールを追加］で別の項目を追加したり、自分の使い方に合わせて変更すると便利です。詳しくはワザ035で解説しています。

090 暗証番号でロックをかけるには

16 Plus Pro Pro Max
15 Plus Pro Pro Max

パスコード

iPhoneには連絡先やメール、決済情報など、大切な個人情報がたくさん記録されています。紛失や盗難に遭ったとき、iPhoneに保存された情報を不正に使われないように、パスコード（暗証番号）を設定しておきましょう。

パスコードの設定

ワザ023を参考に、[設定]の画面を表示しておく

❶画面を下にスクロール

❷[Face IDとパスコード]をタップ

パスコードを設定済みのときは、設定したパスコードを入力すると、[Face IDとパスワード]の画面が表示される

[Face IDとパスコード]の画面が表示された

❸画面を下にスクロール

❹[パスコードをオンにする]をタップ

❺6けたのパスコードを入力

❻もう一度、同じ6けたのパスコードを入力

❼Apple IDのパスワードを入力

❽[サインイン]をタップ

Point パスコードは忘れないようにしよう

パスコードを忘れてしまうと、Apple Accountなどを使って、iPhoneをリセットする必要があります。リセットすると、同期やバックアップしていないデータが消えてしまいます。忘れにくく、他人に類推されにくいパスコードを設定しましょう。

表示が[パスコードをオフにする]に切り替わった

[パスコードを要求]をタップすると、パスコードが要求されるまでの時間を設定できる

次のページに続く

パスコードロックの解除

ワザ002を参考に、スリープを解除する

❶画面の下端から上にスワイプ

❷設定したパスコードを入力

正しいパスコードを入力すると、操作画面が表示される

Point　より複雑なパスコードを設定できる

ここでは6けたの数字によるパスコードを設定しましたが、前ページの手順5の画面で［パスコードオプション］をタップすると、**4けたの数字**によるパスコードや**英数字を含めたパスコード**を設定できます。ビジネスで使うなど、より高いセキュリティが必要なときは、より複雑なパスコードを設定しましょう。

英数字を組み合わせた複雑なパスコードも設定できる

- 4桁の数字コード
- 6桁の数字コード
- カスタムの数字コード
- カスタムの英数字コード
- キャンセル

091 Face IDを設定するには

Face ID

iPhoneに搭載されている顔認証機能（Face ID）を設定しておくと、ロック解除や決済のとき、iPhoneの前にいる人物の顔を読み取り、持ち主本人かどうかが認証されるので、パスコードの入力を省けます。

ワザ090を参考に、[Face IDとパスコード]の画面を表示しておく

❶[Face IDをセットアップ]をタップ

❷[開始]をタップ

カメラが起動した

❸画面上の枠内に入るように、自分の顔を映す

❹頭の角度を変えながら、顔全体をカメラに映す

円のまわりがすべて緑の線になるまで、頭を動かす

次のページに続く

ここではマスク着用時でもFace IDが
使用できるように設定する

❺[マスク着用時にFace IDを
使用する]をタップ

前ページの手順3を参考に、
2回目の顔スキャンを行なう

マスクを着用せずに
顔スキャンを行なう

2回目のスキャンを開始する

❻頭の角度を変えながら、
顔全体をカメラに映す

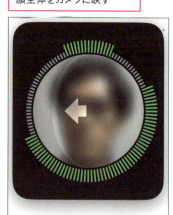

 Point　顔の形状を登録する

Face IDは一般的な顔認証と違い、鼻の高さや頬の形など、顔の立体的な形状を捉えることで人物を識別します。そのため、Face IDに顔を登録するときは、頭全体を動かし、いろいろな方向から見た顔の形状をiPhoneに記録します。

 Point　パスコードよりも安全

パスコードは入力時、周囲の人に見られてしまう危険性がありますが、Face IDではそういった心配はありません。特に外出先では可能な限りFace IDを使い、どうしてもパスコードの入力が必要なときは、周囲の人に見られないように注意しましょう。

顔のスキャンが完了した

❼ [完了]をタップ

パスコードを設定していないときは、
ワザ090を参考に、設定しておく

[Face IDとリセット]画面が
表示された

[Face IDをリセット]と表示され、
顔が登録された

顔の登録をやり直すときは、
[Face IDをリセット]をタップする

アプリや曲の購入にもFace IDの顔認証が使える

手順1の画面で[iTunes StoreとApp Store]をオンにしておくと、iTunes StoreやApp Storeで音楽やアプリをダウンロードするとき、Apple Accountのパスワードを入力する代わりに、Face IDで認証ができます。

利用している眼鏡ごとに追加設定が必要

異なるデザインの眼鏡やサングラスを使い分けているときは、[Face IDとパスコード]の画面で[メガネを追加]をタップし、登録していない眼鏡を着用して、スキャンする必要があります。[マスク着用時のFace ID]をオフにしていれば、眼鏡の追加スキャンは不要です。

092 Apple Payの準備をするには

16 Plus Pro Pro Max
15 Plus Pro Pro Max

Apple Pay

［ウォレット］を使い、Apple Pay対応のクレジットカードや交通系ICカードを登録しておけば、コンビニエンスストアのレジや駅の改札にiPhoneをかざすことで、代金を支払ったり、電車やバスなどに乗ることができます。

Apple Payに登録できる電子マネー

iPhoneには非接触ICカード「FeliCa」の機能が内蔵されていて、電子マネーなどに利用できます。日本の携帯電話やスマートフォンで一般的な「おサイフケータイ」と同じような機能です。国内で発行されている大半のクレジットカードは、このワザの手順でiPhoneに登録することで、電子マネーの「QUICPay」と「iD」のいずれかとして利用できます。Suica/PASMO/ICOCAなどの交通系ICカードは新規登録だけでなく、利用中の定期券の取り込みも可能です。交通系ICカードはiPhoneのApple Payに登録後、クレジットカードなどで残高をチャージすると、利用できます。

▶ Apple Payの仕組み

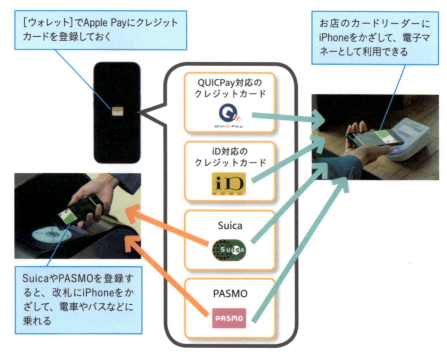

［ウォレット］でApple Payにクレジットカードを登録しておく

お店のカードリーダーにiPhoneをかざして、電子マネーとして利用できる

SuicaやPASMOを登録すると、改札にiPhoneをかざして、電車やバスなどに乗れる

Apple Payで使用するクレジットカードの追加

ワザ090を参考にパスコードを、ワザ091を参考にFace IDを設定しておく

[ウォレット]を起動しておく

❶ここをタップ

[Apple Payの設定]の画面が表示されたときは、Face IDとパスコードを設定する

ここではクレジットカードを追加する

❷[クレジットカードなど]をタップ

 Point　パスコードとFace IDを登録しておこう

Apple Payを使えるようにするには、ワザ090と091で解説したパスコードとFace ID（顔認証）を設定しておく必要があります。エクスプレスカードに設定したカードは認証なしでも使えますが、それ以外のカードで支払うときは、使用時にカードの選択と認証が必要です。

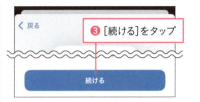

❸[続ける]をタップ

Apple Payに登録するクレジットカードを準備しておく

カメラが起動し、カードの読み取り画面が表示された

❹クレジットカードを枠内に映す

カード情報を手動で入力するには、ここをタップする

自動で読み取られたカード情報が表示された

❺[名前]と[カード番号]の内容を確認

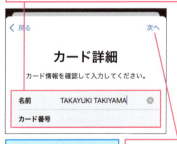

読み取った情報を訂正するには、❌をタップして、入力し直す

❻画面右上の[次へ]をタップ

次のページに続く

カード裏面に記載されているセキュリティコードを入力する

❼ [有効期限]の内容を確認

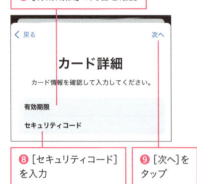

❽ [セキュリティコード]を入力

❾ [次へ]をタップ

Apple Payの利用規約が表示された

❿ 利用規約を確認

⓫ [同意する]をタップ

[ウォレット]への通知に関する画面が表示されたときは、[許可]をタップする

利用できる電子マネーの種類が表示された

⓬ [完了]をタップ

[カード認証]の画面が表示された

ここではSMSで認証コードを受け取る

⓭ [テキストメッセージ]にチェックマークが付いていることを確認

⓮ [次へ]をタップ

クレジットカードによっては、SMSではなく、電話など、ほかの手段でカード認証を行なうこともある

 Point　手動などでも入力できる

クレジットカード番号が刻印されていないクレジットカードは、手動で入力するか、各社のクレジットカードアプリからApple Payに登録できます。

ワザ018を参考に、[メッセージ]で受信した認証コードを表示しておく

⑮ 認証コードを確認

[アクティベート完了]の画面が表示された

もう一度、[ウォレット]の画面を表示しておく

⑯ 認証コードを入力

⑰ [次へ]をタップ

利用通知についての画面が表示されるので、[今はしない]をタップする

自動的にカードの画面が表示された

カードを下にスワイプすると、手順2の画面に戻る

画面下端から上にスワイプして、[ウォレット]を終了しておく

次のページに続く

クレジットカードの確認

ワザ023を参考に、[設定]の画面を表示しておく

❶画面を下にスクロール

❷[ウォレットとApple Pay]をタップ

[ウォレットとApple Pay]の画面が表示された

[メインカード]に追加したクレジットカードが表示されていることを確認しておく

Point　「エクスプレスカード」なら認証なしで使える

交通系ICカードと一部のクレジットカードは、上の[ウォレットとApple Pay]画面にある[エクスプレスカード]に設定できます。[エクスプレスカード]に設定されたカードは、Face IDなどで認証せず、スリープ状態のままでもiPhoneをリーダーにかざすだけで利用できます。[エクスプレスカード]に設定できるカードは1枚だけですが、すぐに使えるので、移動中に使うことの多い交通系ICカードを設定しておくのがおすすめです。

093 交通系ICカードを追加するには

16 | Plus | Pro | Pro Max
15 | Plus | Pro | Pro Max

ウォレットに追加

交通系ICカードの「Suica」「PASMO」「ICOCA」は、iPhone上で新規発行して登録できます。使うときは事前に残高をチャージしておく必要がありますが、国内のほとんどの公共交通機関や、コンビニエンスストアなどで利用できます。

ワザ092を参考に、[ウォレット]を起動して[ウォレットに追加]の画面を表示しておく

ワザ092を参考に、クレジットカードを登録しておく

❶ [交通系ICカード]をタップ

[交通系ICカード]の画面が表示された

ここでは[PASMO]を追加する

❷ [PASMO]をタップ

Point SuicaやPASMO、ICOCAはチャージが必要

「Suica」「PASMO」「ICOCA」は事前にチャージされた残高から支払いします。残高はApple Payに登録されたクレジットカードなどでチャージできます。機種変更をするときは、次のiPhoneにチャージした残高を持ち越すこともできます。

次のページに続く

❸ [続ける]をタップ

[お手持ちのカードを追加]をタップすると、実際の交通系ICカードを[ウォレット]に転送できる

チャージ金額の入力画面が表示された

❹ 金額をタップ

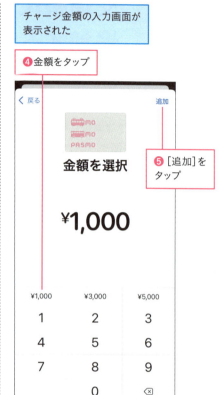

❺ [追加]をタップ

以降は画面の指示に従って、金額をチャージする

手持ちのICカードも取り込める

手順3の画面で[お手持ちのカードを追加]を選択すると、カード型のSuicaやPASMO、ICOCAから残高や定期券をApple Payに取り込めます。取り込まれたカードは利用できなくなり、デポジットは残高に追加されます。一部に取り込みに対応しないカードもあります。

094 Apple Payで支払いをするには

ウォレットの支払い

Apple Payに登録されたクレジットカードや交通系ICカードは、このワザの手順で支払いに使えます。コンビニのレジなどでは「Suicaで支払います」などと伝えてから、支払い操作をします。

支払いに使う電子マネーの種類（iD、QUICPay、Suica、PASMOなど）を店員に伝えておく

❶サイドボタンをすばやく2回押す

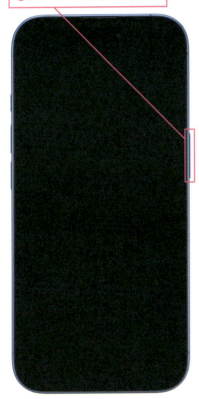

［ウォレット］が起動し、使用するカードが表示された

複数のカードを登録しているときは、カードを選択できる

❷iPhoneの画面に顔を向ける

顔が認証されないときは、［パスコードで支払う］をタップしてパスコードを入力する

次のページに続く

顔認証が完了し、［リーダーにかざしてください］と表示された

❸ 使用するカードを確認

❹ iPhoneの上端側をカードリーダーにかざす

［完了］と表示された

Apple Payで支払いができた

 Point

Apple Payが設定してあるiPhoneを紛失したときは

Apple Payを登録しているiPhoneを紛失したときは、**ワザ110**の遠隔操作の手順でiPhoneを［紛失モード］にすることで、Apple Payを無効化できます。iPhoneが見つからなかったときは、［このデバイスを消去］でApple Payごと、iPhoneを初期化しましょう。Apple Payの電子マネーは消去しても別のiPhoneに同じApple Accountでサインインすれば、再登録できます。Suicaの場合、元のiPhoneで消去されていれば、残高も引き継げます。遠隔操作でSuicaを消去できなかったときは、モバイルSuicaのWebサイトで再発行手続きをすることで、翌日以降にSuicaを引き継ぐことができます。故障や機種変更時も同様にSuicaを消去するか、再発行することで、引き継ぐことができます。

▼モバイルSuicaのログインページ
https://www.mobilesuica.com/

095 声で操作する「Siri」を使うには

Siri

16 Plus Pro Pro Max
15 Plus Pro Pro Max

Siriは音声でiPhoneを操作できる機能です。iPhoneに向かって話すだけで、天気を調べたり、メールを送ったりできます。サイドボタンを2～3秒押すだけですぐに起動できるうえ、人と話すような自然な会話で使えるのが特徴です。

ここでは東京の天気を確認する

❶ サイドボタンを2～3秒押し続ける

Siriが起動した

Siriの説明画面が表示されたときは、[Siriをオンにする]をタップして、Siriをオンにする

音声入力の例が表示されたときは、画面下のアイコンをタップする

❷「東京の天気は?」と話しかける

Siriが応答し、東京の天気が表示された

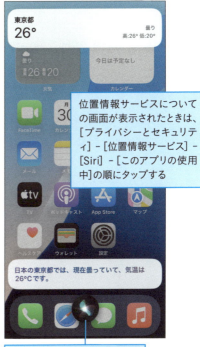

位置情報サービスについての画面が表示されたときは、[プライバシーとセキュリティ]-[位置情報サービス]-[Siri]-[このアプリの使用中]の順にタップする

このアイコンをタップすると、続けて音声を入力できる

画面下端から上にスワイプすると、Siriを終了できる

次のページに続く

音声入力とSiriの応答例

音声入力（日本語）	応答例
おやすみモードをオンにして	おやすみモード（ワザ098）がオンになる
近くに郵便局はある？	近隣の郵便局を検索する
田中さんに「今向かっています」と伝えて	連絡先に登録してある田中さんに「今向かっています」とメッセージを送信する
3時に会議を設定	「午後3時の会議」をカレンダーに追加する
78ドルは何円？	現在のレートで外貨を調べる
明日6時に起こして	午前6時にアラームをセットする
30分たったら教えて	30分のタイマーをセットする

Point ロック画面でSiriを使いたくないときは

SiriはiPhoneの画面がロックされている状態でもサイドボタンを長押しすることで、起動できます。パスコードや指紋認証を設定していてもSiriを起動すれば、電話をかけたり、カレンダーの予定を表示したりするなど、一部の機能を使って、個人情報を表示できてしまいます。そのため、ロックをかけていてもiPhoneを紛失したとき、第三者に悪用されてしまうリスクがあります。このリスクを避けたいときは、［設定］アプリの［Siri］の画面で、［ロック中にSiriを許可］をオフにしておきましょう。

ワザ023を参考に、［設定］の画面を表示しておく

❶［Siri］をタップ

❷［ロック中にSiriを許可］のここをタップしてオフに設定

ロック中にSiriが起動できなくなる

096 就寝中の通知をオフにするには

集中モード

16 Plus Pro Pro Max
15 Plus Pro Pro Max

「集中モード」を使うと、メッセージ着信や各アプリからの通知を一時的に停止できます。就寝中や会議中など、一時的に通知を受けたくないときに便利な機能です。集中モードをオンにしている間もアラームやタイマーは鳴ります。

ワザ009を参考に、コントロールセンターを表示しておく

ここでは集中モードの「おやすみモード」を利用する

❶ [集中モード]をタップ

集中モードの画面が表示された

❷ [おやすみモード]をタップ

ここをタップすると、おやすみモードの詳細設定ができる

[おやすみモード]がオンに設定された

iPhoneの画面ロック中に着信などが通知されなくなった

次のページに続く ↓

Point 集中モードの切り忘れに注意しよう

集中モードをオンに切り替えたまま、オフに戻すことを忘れてしまうと、必要な通知を受け取れなくなります。次ページのPointを参考に、**オフにする時間などの設定**を活用しましょう。

集中モードのタイミングを細かく設定できる

前ページの手順2の画面で集中モードを選択するとき、それぞれのモードの右のアイコンをタップすると、時間経過や移動によって、自動でオフ状態に戻すように設定できます。また、モード一覧の下にある［設定］をタップすると、各モードを自動でオン/オフする曜日や時刻、場所などを細かく設定することも可能です。

ここをタップすると、詳細設定のメニューが開閉できる

［設定］をタップすると、タイミングや通知の内容なども設定できる

さまざまな用途で集中モードを設定できる

集中モードは「おやすみモード」など、複数のモードを使い分けることができ、それぞれのモードごとに通知するアプリや連絡先、利用する時間帯などを細かく設定できます。たとえば、平日昼間は仕事に使うアプリの通知のみを受け、会議中はすべてのアプリの通知を停止するといった細かい使い分けもできます。アプリからの通知が増えてきたら、必要な通知を見逃さないように、自分に合った集中モードを設定してみましょう。

ワザ023を参考に、［設定］の画面を表示した後、［集中モード］をタップする

ここをタップすると、集中モードを追加できる

094 アプリの通知を一時的に停止するには

通知の一時停止

このワザの手順で、特定のアプリからの通知を一定時間だけ停止できます。たとえば、グループチャットで自分が参加できない会話の通知が続くときなどは、この方法で1時間だけ通知を止め、後でまとめて確認するといった使い方が便利です。

ワザ008を参考に、通知センターで通知を表示しておく

❶ 通知を左にスワイプ

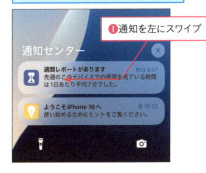

2つのボタンが表示された

❷ [オプション]をタップ

パスコードを設定しているときはパスコードを入力してロックを解除する

表示されたメニューで通知を停止する期間を設定できる

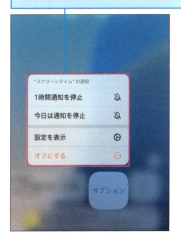

Point 即時通知って何？

アプリの**通知方式**には、通常の「即時通知」と指定した時刻にまとめて通知する「時刻指定要約」の2種類があります。「時間指定要約」は**ワザ096**で解説します。

アプリによっては即時通知を設定できる

098 アプリの通知を設定するには

16 Plus Pro Pro Max
15 Plus Pro Pro Max

通知の設定

iPhoneにインストールされているアプリの新着通知は、アプリごとに通知方法や通知のオン／オフを選ぶことができます。重要なアプリからの通知を目立つよう設定しておけば、必要な通知に気が付きやすくなります。

通知の設定画面の表示

ワザ023を参考に、[設定]の画面を表示しておく

❶画面を下にスクロール

❷[通知]をタップ

[通知]の画面が表示された

すべてのアプリの通知に共通の設定が行なえる

通知センターに表示するアプリと内容を設定する

Point ロック画面での通知の表示形式を変更できる

[通知]の画面にある[表示形式]でロック画面での通知の表示形式を選択できます。[件数]や[スタック]にすると少ない表示スペースで済むので、壁紙が見やすくなります。

Point 通知のスタイルは好みに合わせて選べる

iPhoneを起動しているときに表示される［バナー］による通知方法は、手順3の画面で選ぶことができます。［一時的］は一定時間でバナーが消えますが、［持続的］はタップして、通知を確認するか、上にスワイプするまで、バナーが消えません。スケジュールの通知など、見落としたくないものは、［持続的］で表示するなど、自分に合った設定にしましょう。

◆バナー
画面上部に「一時的」に表示するか、確認の操作をするまで「持続的」に表示するかを選べる

アプリごとの通知の設定

ここでは［メッセージ］の通知の設定を変更する

❶画面を下にスクロール

❷［メッセージ］をタップ

［バナースタイル］をタップすると、表示のタイミングを選択できる

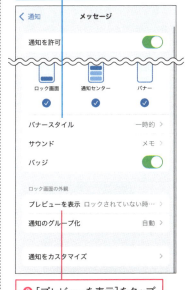

❸［プレビューを表示］をタップ

次のページに続く

［メッセージ］のプレビューを表示しないように設定する

［メッセージ］のプレビューの表示方法が変更された

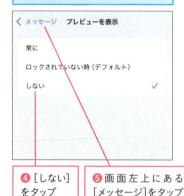

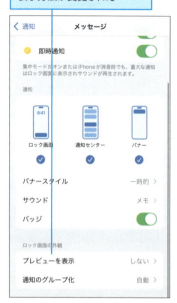

❹［しない］をタップ

❺画面左上にある［メッセージ］をタップ

Point 通知の「プレビュー」に注意しよう

一部のアプリの通知は、メッセージの一部が「プレビュー」として、ロック画面に表示されます。この「プレビュー」の表示形式は、手順3の［プレビューを表示］ですべてのアプリの設定を、手順4の［プレビューを表示］ではそのアプリの設定を変更できます。他人に見られたくないメッセージなどの通知は、「しない」に設定しておくといいでしょう。

［プレビューを表示］が［常に］に設定されていると、メッセージなどの内容が表示されてしまう

Point アプリのアイコンに新着件数を表示できる

アプリによっては、新着通知の件数をホーム画面のアプリアイコンに「バッジ」として表示できるものがあります。バッジの表示に対応するアプリは、手順3の画面の［バッジ］でバッジ表示のオン／オフを切り替えることができます。

◆バッジ
未読のメールの件数などがアイコンの右上に表示される

099 決まった時間に通知を受けるには

時刻指定要約

重要性の低い通知が多く、メッセージや気象警報など、重要な通知を見逃してしまいそうなときは、「時刻指定要約」を設定しましょう。ショッピングアプリなど、即時性の不要なアプリからの通知は、指定した時刻にまとめて確認できるようになります。

ワザ098を参考に、[通知] の画面を表示しておく

❶ [時刻指定要約] をタップ

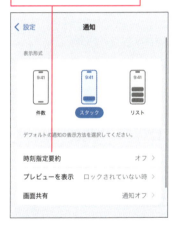

[時刻指定要約] の画面が表示された

❷ [時刻指定要約] のここをタップしてオンに設定

[通知の要約] の説明画面が表示されたときは、[続ける] をタップする

初回起動時は [要約に含めるAppを選択] の画面が表示される

[さらに表示] をクリックすると、アプリがさらに表示される

❸ 要約に含めるアプリを選択

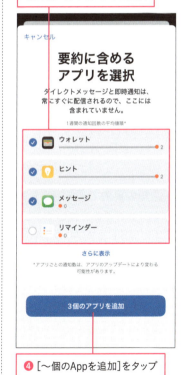

❹ [〜個のAppを追加] をタップ

次のページに続く

ここでは変更せずに操作を進める

スケジュールを変更するときは、時刻をタップして設定する

[時刻指定要約]がオンになり、スケジュールと設定したアプリ一覧が表示された

スケジュールを追加するときは、[要約を追加]をタップする

❺[通知の要約をオンにする]をタップ

以降は前ページの手順2の後、この画面から設定する

 通知の要約で通知をまとめて読みやすくできる

時間指定要約を設定すると、その間に指定したアプリの通知は、**指定した時刻にまとめて表示**されます。すぐに読む必要のない通知を発するアプリは、通知を要約するように設定しておいて、昼休みや仕事終わり、通勤中などにまとめて読むようにすると、余計な通知の確認に時間を取られず、必要な通知をチェックしやすくなります。

指定した時刻に通知がまとめて表示される

100 テザリングを利用するには

インターネット共有

[インターネット共有]（テザリング）を使うと、iPhoneのモバイルデータ通信に相乗りして、Wi-Fiに対応したノートパソコンやiPad、ゲーム機などの機器をインターネットに接続できます。携帯電話会社によっては、オプションの申込が必要です。

アクセスポイントのパスワード（暗号化キー）の設定

ワザ023を参考に、[設定]の画面を表示しておく

❶[インターネット共有]をタップ

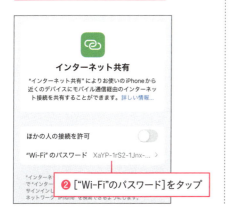

❷["Wi-Fi"のパスワード]をタップ

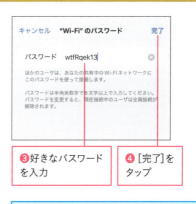

❸好きなパスワードを入力

❹[完了]をタップ

アクセスポイントのパスワードが設定された

次のページに続く

［インターネット共有］の有効化

前ページの手順を参考に、［インターネット共有］の画面を表示しておく

ほかの機器からiPhoneに接続すると、緑色のアイコンに表示される

［ほかの人の接続を許可］のここをタップして、オンに設定

Wi-Fi（無線LAN）がオフのときは、確認の画面が表示されるので、［Wi-Fiをオンにする］をタップする

インターネット共有を利用しないときは、［ほかの人の接続を許可］のここをタップして、オフに設定しておく

USB接続経由のインターネット共有に注意しよう

パソコンの場合、Wi-Fi（無線LAN）接続だけでなく、同梱のケーブルで接続することでもインターネット接続を共有できます。ただし、iPhoneを充電するつもりでパソコンと接続したのに、知らないうちにインターネット接続を共有していたということのないように、上の手順で設定しているiPhoneの［ほかの人の接続を許可］は必要なときだけ、オンに切り替え、使わなくなったときは、オフに切り替えるようにしましょう。

Wi-Fi（無線LAN）のパスワードを必ず設定しよう

テザリングでiPhoneにWi-Fi（無線LAN）で接続するのに必要なパスワードは、初期設定ではランダムな文字列が設定されています。前ページを参考に、使いやすいパスワードに変更することができます。一度、パソコンやタブレットに設定すれば、2回目以降は再入力の必要がないので、他人に見られる心配のない自宅などで設定しておき、外出先ではiPhoneのパスワードの画面を見られないように注意しましょう。

アクセスポイント名を変更しておこう

テザリング機能でのアクセスポイント名には、そのiPhoneの名前が設定されます。iPhoneの名前は［設定］の画面の［一般］-［情報］にある［名前］で確認と変更ができます。アクセスポイント名は周囲の人からも見えてしまうので、自分の名前などの個人情報が含まれない名前になっているかを確認しておきましょう。また、半角スペースや記号など、英数字以外が使われていると、正しく接続できないことがあるので注意しましょう。

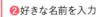

ワザ023を参考に、［設定］-［一般］-［情報］の画面を表示しておく

iPhoneの名前がアクセスポイントの名前となる

❷好きな名前を入力

❸画面左上の［情報］をタップ

❶［名前］をタップ

iPhoneの名前が設定される

テザリング中のデータ通信量に注意しよう

テザリングでつないだパソコンやタブレットなどは、iPhoneのデータ通信機能を使って、インターネットと接続します。パソコンのOSアップデートやゲーム機のダウンロードなどで、データ通信量が短時間で急速に増えてしまうことがあるので、テザリングを利用するときは、契約している料金プランのデータ通信の上限を超えないように注意しましょう。

101 Googleカレンダーを iPhoneで利用するには

Googleアカウントの追加

スケジュール管理にGoogleカレンダーを使っているときは、このワザの手順で設定しておくと、iPhoneとGoogleカレンダーの予定データが同期するようになります。

Point　GmailもiPhoneで利用できるようになる

このワザの手順を設定すると、GmailやGoogleの連絡先もiPhone標準アプリから使えるようになります。Google以外にもマイクロソフトやYahoo!などのメールやカレンダーも設定できます。

iPhoneで利用するGoogleアカウントを入力する

❻ Googleアカウントを入力する
❼ [次へ]をタップ

入力したGoogleアカウントのパスワードを入力する

❽ Google アカウントのパスワードを入力する
❾ [次へ]をタップ

❿ [次へ]をタップ

iPhoneで利用するGoogleアカウントの情報を設定する

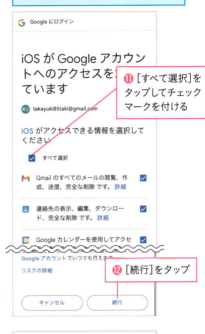

⓫ [すべて選択]をタップしてチェックマークを付ける
⓬ [続行]をタップ

⓭ [保存]をタップ　手順4の画面に戻る

Point 利用するGoogleのサービスを選択できる

手順13の画面で、GmailやGoogleの連絡先も標準アプリで使うかどうかを選択できます。Gmailについては、App Storeでダウンロードできる「Gmail」アプリもあり、そちらは検索やラベルなどが使いやすくなっています。

102 周辺機器と接続するには

`16` `Plus` `Pro` `Pro Max`
`15` `Plus` `Pro` `Pro Max`

Bluetooth

iPhoneにはヘッドフォンやスピーカー、キーボードなど、さまざまなBluetooth機器を接続できます。これらの機器をiPhoneと接続するには、ここで説明する「ペアリング」と呼ばれる操作が必要になります。

ワザ023を参考に、[設定]の画面を表示しておく

❶[Bluetooth]をタップ

❷[Bluetooth]がオンになっていることを確認

❸接続するBluetooth対応の機器をタップ

機器によっては、iPhoneと接続するためのパスワード(パスキー)の入力が必要になる

Bluetooth対応の機器が使えるようになる

 Point　Apple Watchは専用アプリからペアリングする

Apple Watchをペアリングするには、iPhone上の[Watch]アプリを利用します。他社製のウェアラブル機器もApp Storeから専用アプリをダウンロードして、ペアリングすることがあります。

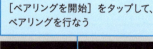
[ペアリングを開始]をタップして、ペアリングを行なう

第9章

疑問やトラブルに効く解決ワザ

103 以前のスマートフォンで移行の準備をするには

16 Plus Pro Pro Max
15 Plus Pro Pro Max

初期設定と移行

これまで使ってきたスマートフォンから新しいiPhoneに移行するときは、作業をはじめる前に、いくつか準備や確認しておきたいことがあります。ここで挙げた項目以外にも電子マネーなどを利用しているときは、各サービスの移行方法を確認しておきましょう。

連絡先や写真をバックアップしておく

▶iPhoneから移行する場合

iPhone同士の移行はiPhoneの「クイックスタート」が利用できるため、簡単にデータを引き継げますが、移行作業の前に、パソコンのiTunesやiCloudを使い、連絡先などをバックアップしておきます。写真もパソコンやiCloudでバックアップできますが、iCloudの残り容量が少ないときは、GoogleフォトやOneDriveなどにバックアップすることもできます。また、Apple Watchを利用しているときやApple Payを設定しているときは、次ページを参考に、これまで使ってきたiPhoneで、それぞれの登録を削除します。

▶Androidから移行する場合

AndroidスマートフォンからはAppleが提供する[iOSに移行]をインストールして、移行できます。メールはGmailのアプリをインストールすれば、新しいiPhoneでも利用できます。写真はGoogleフォトやOneDriveにバックアップしておけば、iPhoneでも閲覧できます。連絡先はGmailの連絡先と同期し、カレンダーは新しいiPhoneでGoogleカレンダーと同期する設定をします。おサイフケータイはサービスごとに方法が違い、各サービスのアプリ内で機種変更の手続きをしたり、iPhoneで再設定する必要があります。

Point 各携帯電話会社が提供するバックアップ用アプリやサービス

一部の携帯電話会社では、iPhoneに機種変更するユーザーのために、バックアップ用アプリやサービスを提供しています。契約する携帯電話会社を問わずに利用できるアプリもあります。以下のQRコードを読み取って、確認してみましょう。また、NTTドコモはドコモショップに設置されている「DOCOPY」を使って、連絡先などをバックアップできます。

▶au「データお引っ越し」　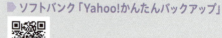▶ソフトバンク「Yahoo!かんたんバックアップ」

iPhoneから移行するときの流れ

STEP 1 Apple Watch のペアリングを解除
Apple Watchを利用しているときは、iPhoneとのペアリングを解除する。Apple Watchの内容はペアリングを解除時に、iPhoneにバックアップされる。

STEP 2 Apple Pay のクレジットカードを削除
［ウォレット］に登録してあるSuicaやクレジットカードを削除する。削除してもSuicaの情報はクラウドサービスに保存されるため、次のiPhoneで残高を引き継いで利用できる。クレジットカードは再登録で利用できる。

STEP 3 LINE の引き継ぎを設定
次ページを参考に、LINEのトーク内容などをiCloudにバックアップしておき、次のiPhoneで利用できるように、引き継ぎ設定をする。

STEP 4 ＋メッセージの引き継ぎを設定
253ページを参考に、＋メッセージのメッセージなどをiCloudやGoogleドライブにバックアップする。次のiPhoneで復元すれば、引き継ぎができる。

STEP 5 連絡先やカレンダーをバックアップ
ワザ026を参考に、iCloudでバックアップする。もしくはワザ106を参考に、iTunesで同期して、iPhoneに保存された内容をバックアップする。

STEP 6 写真や動画をバックアップ
ワザ085を参考に、iCloudでバックアップする。ワザ106を参考に、iTunesと同期して、iPhoneに保存された内容をバックアップすることも可能。

STEP 7 データの復元
ワザ106を参考に、iCloudやiTunesに保存されたバックアップを復元する。

iTunesを使えば、STEP 5～6のバックアップをまとめて行なうことができる

次のページに続く

LINEの引き継ぎ

STEP 1　トークの履歴をバックアップ

iPhoneでiCloud Driveをオンに切り替え、利用できるようにする。[トークのバックアップ]から[今すぐバックアップ]を選んでバックアップする。

STEP 2　新しいiPhoneでLINEを起動

新しいiPhoneでApp Storeを表示して、[LINE]アプリをインストールして、起動する。

STEP 3　[LINE]の[QRコードでログイン]画面を表示

[LINE]を起動した画面で[ログイン]をタップし、[LINEにログイン]の画面で[QRコードでログイン]をタップする。

STEP 4　以前のiPhoneのLINEでQRコードを表示

以前のiPhoneでLINEを起動し、[設定]画面で[かんたん引き継ぎQRコード]をタップして、かんたん引き継ぎQRコードを表示する。

STEP 5　新しいiPhoneでQRコードを読み取る

[以前の端末のQRコードをスキャン]の画面で[QRコードをスキャン]をタップして、STEP 4で表示したQRコードを読み取ると、アカウントが引き継がれる。

STEP 6　トーク履歴の復元

[かんたん引き継ぎQRコード]では直近14日間のトークが自動的に引き継がれるが、STEP 1で保存したバックアップから復元することもできる。

注意「かんたん引き継ぎQRコード」で移行すると、Androidスマートフォンからも直近14日間のトークの履歴が自動的に移行されます

以前のスマートフォンのLINEの[設定]の画面で設定を行なう

[トークのバックアップ]からトークのバックアップ操作を行なう

[かんたん引き継ぎQRコード]から引き継ぎ操作を行なう

+メッセージの引き継ぎ

iPhoneの+メッセージのデータは、アプリのバックアップ/復元機能を使って、引き継ぎます。Androidスマートフォンから移行するときは、各携帯電話会社が提供する移行ツールを使うか、GoogleドライブやiCloud Driveにバックアップして、移行します。

STEP 1　iCloud Drive をオンにする
+メッセージのバックアップは、iCloud Driveを利用するので、**ワザ026**を参考に、[iCloud]の画面を開き、[iCloud Drive]をオンにしておく。

STEP 2　iCloud Drive で+メッセージをオンにする
STEP 1の画面で[iCloud Drive]をオンにしたとき、下の欄に[+メッセージ]が表示されるので、オフになっている場合はオンにしておく。

STEP 3　メッセージをバックアップ
+メッセージを起動し、右下の[マイページ] - [設定] - [メッセージ] - [バックアップ・復元]を表示する。右の手順のようにして、バックアップを開始する。

バックアップ先の選択画面が表示されたら、[iCloud Drive]をタップする。

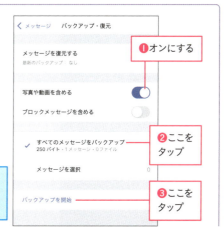

❶オンにする
❷ここをタップ
❸ここをタップ

STEP 4　新しい iPhone で iCloud Drive をオンにする
新しいiPhoneが利用できるようになったら、STEP 1と同様、新しいiPhoneでもiCloud Driveをオンにしておく。

STEP 5　新しい iPhone に [+メッセージ] をインストールする
[+メッセージ]アプリをインストールし、**ワザ041**を参考に初期設定を進める。

STEP 6　新しい iPhone にメッセージを復元する
初期設定を終えると、[バックアップデータの復元]の画面が表示されるので、[復元]をタップ。復元したいiCloud Driveのデータを選択し、[復元を開始]をタップする。

104 iPhoneの初期設定をするには

| 16 | Plus | Pro | Pro Max |
| 15 | Plus | Pro | Pro Max |

初期設定

iPhoneを**はじめて起動したときや初期状態に戻した後**は、初期設定が必要です。初期設定にはWi-Fi（無線LAN）によるインターネット接続か、iTunesがインストールされたWindowsパソコン、あるいはMacが必要です。

第9章 疑問やトラブルに効く解決ワザ

iPhoneにSIMカードを装着しておく

❶サイドボタンを長押しして、iPhoneの電源を入れる

❷画面下端から上にスワイプ

初期設定時、iOSが自動的にアップデートされることがある

❸［日本語］をタップ

［日本語］が表示されていないときは、上下にスワイプして、［日本語］を選択する

Point　どんなときに初期設定をするの？

iPhoneの初期設定の画面は、**iPhoneの電源をはじめて入れたとき**に表示されるもので、iPhoneを使うための基本的な設定をします。電源を入れ直したときなどには表示されません。また、iPhoneを初期状態に戻した後は購入直後と同じ状態になるので、初期設定の画面が表示されます。

Point
Wi-Fi（無線LAN）やパソコンに接続できないときは

iPhoneの初期設定をするとき、周囲にWi-Fiネットワークがなかったり、パソコンと接続できないときは、次ページの手順6の画面で [Wi-Fiなしで続ける] をタップすれば、初期設定の手順を進められます。契約する携帯電話会社の電波の届くエリアでしか利用できないので、ステータスアイコンで電波状態を確認し、電波の届く場所で手順を進めましょう。また、iCloudにバックアップした内容を復元するとき、モバイルデータ通信回線を利用すると、データ通信量が増え、選んだ料金プランによっては、月々のデータ通信量の上限に達することがあるので、注意しましょう。

❹ [日本] をタップ

[外観] の画面が表示された

❺ [続ける] をタップ

以前のiPhoneから移行するときは、**ワザ105**を参考に、クイックスタートを利用して、初期設定ができる

ここではクイックスタートを利用しない

❻ [もう一方のデバイスなしで設定] をタップ

次のページに続く

❼［あとで"設定"でセットアップ］をタップ

❽利用するアクセスポイントをタップ

❾パスワード（暗号化キー）を入力

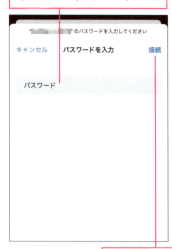

❿［接続］をタップ

> 再び［Wi-Fiネットワークを選択］画面が表示されたときは、［次へ］をタップする

⓫［続ける］をタップ

iPhoneを設定

この iPhone をあなた用またはファミリーのお子様用に設定できます。お子様のアカウントは、親または保護者が12歳以下のお子様に対して作成することができます。

自分用に設定

ファミリーのお子様用に設定

❶❷[自分用に設定]をタップ

> ここでは設定せずに操作を進める

Face ID

iPhoneで顔の固有の特徴を3次元的に認識し、自動でロックを解除したり、Apple Payを利用したり、買い物をしたり、Appleのサービスにサブスクリプションの登録をしたりすることができます。

Face IDとプライバシーについて...

続ける

あとでセットアップ

❶❸[あとでセットアップ]をタップ

> ここでは設定せずに操作を進める

❶❹[パスコードオプション]をタップ

❶❺[パスコードを使用しない]をタップ

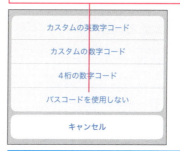

> パスコードの設定は**ワザ090**、Face IDの設定は**ワザ091**を参照する

❶❻[パスコードを使用しない]をタップ

次のページに続く

ここでは新しいiPhoneとして設定する

❶ [何も転送しない]をタップ

バックアップから復元するときはワザ106を参考に、操作を続ける

ここでは設定せずに操作を進める

❷ [パスワードをお忘れかアカウントをお持ちでない場合]をタップ

❸ [あとで"設定"でセットアップ]をタップ

Apple Accountの設定は**ワザ025**を参照する

❹ [使用しない]をタップ

㉑利用規約の内容を確認

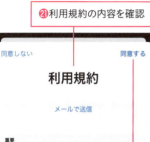

㉒[同意する]をタップ

[自動的にiPhoneをアップデート]の画面が表示された

ここでは自動でアップデートされるように設定する

㉓[続ける]をタップ

[iMessageとFaceTime]の画面が表示された

ここではiMessageとFaceTimeで、電話番号とメールアドレスを使用できるようにする

㉔[続ける]をタップ

ここでは位置情報サービスをオンにする

㉕[位置情報サービスをオンにする]をタップ

[モバイル通信を設定]の画面が表示された

㉖[あとで"設定"でセットアップ]をタップ

次のページに続く

[スクリーンタイム]の画面が表示された

スクリーンタイム

画面を見ている時間についての週間レポートを見て、管理対象にするアプリの制限時間を設定できます。お子様のデバイスでスクリーンタイムを使用してペアレンタルコントロールを設定することもできます。

続ける

あとで"設定"でセットアップ

㉗ [続ける]をタップ

iPhone解析

iPhoneの使用状況データの解析を可能にすることで、Appleの製品およびサービスの向上にご協力いただけます。これはあとから"設定"で変更できます。

Appleと共有

共有しない

㉘ [続ける]をタップ

アプリ解析

アプリアクティビティやクラッシュデータをApple経由でアプリデベロッパと共有することを選択することでアプリの品質向上にご協力いただけます。こ

アプリデベロッパと共有

共有しない

㉙ [アプリデベロッパと共有]をタップ

ここでは変更せずに操作を進める

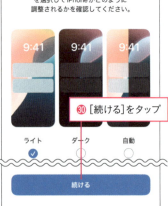

ライトまたはダークの画面表示

外観モードでライトまたはダークを選択してiPhoneがどのように調整されるかを確認してください。

㉚ [続ける]をタップ

[消音モード]の画面が表示された

消音モード

コントロールセンターで消音モードのオン/オフを切り替えたり、状況を確認できます。

続ける

㉛ [続ける]をタップ

iPhoneの新機能についての画面が表示されたら[今はしない]をタップし、[続ける]を2回タップしておく

 Point スクリーンタイムで何ができるの?

手順27の画面に表示されている「スクリーンタイム」は、iPhoneを操作した時間の情報を確認したり、操作可能な時間を制限できる機能です。iPhoneを使わない時間を設定したり、どのアプリをどれくらい使ったのかなども確認することができます。

ここでは設定せずに操作を進める

㉜[あとで"設定"でセットアップ]をタップ

㉝[続ける]をタップ

㉞画面下端から上にスワイプ

ホーム画面が表示される

Point 「iPhoneの設定を完了する」と表示されたときは

iPhoneの初期設定の完了後、[設定]の画面で右のように、[iPhoneの設定を完了する]という項目に数字のバッジが表示されることがあります。これはApple AccountやSiriなど、設定が完了していない項目があるためです。[設定]の画面で[iPhoneの設定を完了する]-[設定を完了してください]の順にタップし、**それぞれの項目について、設定すれば、バッジの表示は消えます。**

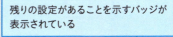

残りの設定があることを示すバッジが表示されている

105 以前のiPhoneから簡単に移行するには

16 Plus Pro Pro Max
15 Plus Pro Pro Max

クイックスタート

以前のiPhoneから新しいiPhoneに機種変更したときは、「クイックスタート」という機能を使って、今まで使ってきたiPhoneの内容を簡単に引き継いで、新しいiPhoneで使うことができます。クイックスタートでは各種データや設定を簡単にコピーできます。

▶新しいiPhoneの操作

ワザ107を参考に、新しいiPhoneを初期状態に戻しておく

ワザ108を参考に、以前のiPhoneを最新のiOSにアップデートしておく

ワザ026、ワザ103を参考に、以前のiPhoneでデータをバックアップしておく

ワザ104を参考に、操作を進め、[クイックスタート]の画面を表示しておく

❶以前のiPhoneを新しいiPhoneに近づける

初期設定時、iOSが自動的にアップデートされることがある

▶古いiPhoneの操作

以前のiPhoneで、[新しいiPhoneを設定]の画面が表示された

以前のiPhoneのバックアップに使用しているApple Accountが表示された

❷[続ける]をタップ

データ転送時に、新しいiPhoneのアップデートが実行されることがある

▶古いiPhoneの操作

新しいiPhoneにアニメーションが表示された

❸以前のiPhoneのカメラを新しいiPhoneのアニメーションに向ける

カメラがアニメーションをすぐに読み取る

ここでは自分用のiPhoneとして設定する

❹[新しいiPhoneを設定]の画面で[自分用に設定]をタップ

 Point クイックスタートでは何が引き継がれるの？

クイックスタートで新しいiPhoneを設定すると、以前のiPhoneに設定されていた言語や地域、Wi-Fiネットワーク、キーボード、Siriへの話しかけ方などの情報が引き継がれます。クイックスタートを使わずに、**ワザ096**を参考に、iCloudやiTunesのバックアップから復元することもできます。

▶新しいiPhoneの操作

ワザ106を参考に、初期設定を進める

❺以前のiPhoneのパスコードを入力

❻["(以前のiPhoneの名前)"からデータを転送]の画面で[続ける]をタップ

[新しいiPhoneに設定を移行]の画面が表示された

❼[続ける]をタップ

ワザ104を参考に、操作を進め、初期設定を完了する

以前のiPhoneに[転送が完了しました]と表示されたら、[続ける]をタップする

106 以前のiPhoneの バックアップから移行するには

`16 Plus Pro Pro Max` / `15 Plus Pro Pro Max`

アプリとデータを転送

ワザ105のクイックスタートを使わないときは、今まで使ってきたiPhoneの内容をバックアップして、引き継ぐことができます。バックアップからの復元には、**iCloudから復元**する方法と**パソコンのiTunesなどから復元**する方法があります。

iCloudのバックアップからの復元

ワザ026、ワザ103を参考に、以前のiPhoneのデータをバックアップしておく

ワザ107を参考に、新しいiPhoneを初期状態に戻しておく

ワザ104を参考に、操作を進め、[Appとデータ]の画面を表示しておく

以前のiPhoneで使っていたApple Accountでサインインする

❷ Apple Accountを入力

❸ キーボードの[continue]をタップ

❶ [iCloudバックアップから]をタップ

Point　iCloudバックアップの復元は制限がある

iCloudのバックアップは、パソコンで音楽CDから取り込んだ楽曲などが復元されません。WindowsのiTunesやMacのミュージックアプリで、転送し直しましょう。

❹パスワードを入力

❺キーボードの[continue]をタップ

❻利用規約を確認

❼[同意する]をタップ

パスコードの入力画面が表示されたときは、以前のiPhoneで設定したパスコードを入力する

[すべてのバックアップを表示]をタップしておく

❽復元するバックアップをタップ

[新しいiPhoneに設定を移行]の画面が表示された

❾[続ける]をタップ

ワザ104を参考に、操作を進め、初期設定を完了する

復元が開始されるので、完了するまで、しばらく待つ

次のページに続く

パソコンのバックアップからの復元

これまでWindowsにインストールされたiTunesやMacでバックアップをしていたときは、264ページの手順1で［MacまたはPCから］を選び、パソコンやMacに新しいiPhoneを接続すると、復元できます。

新しいiPhoneとパソコンを接続しておく

❶ここをクリックして、復元するバックアップを選択

❷［続ける］をクリック

復元が完了するまで、しばらく待つ

 Point　バックアップからの復元では引き継がれないものもある

iCloudやパソコンからのバックアップから復元すると、これまで使ってきたiPhoneの内容が新しいiPhoneにそのまま復元されますが、一部のアプリは再ログインや再設定が必要になります。復元後、それぞれのアプリを起動して、動作することを確認しましょう。

 Point　Suicaを復元するには

ワザ103の「iPhoneから移行するときの流れ」の準備に従い、［ウォレット］でSuicaを削除したときは、パソコンやiCloudのバックアップから新しいiPhoneに復元後、［ウォレット］アプリを起動し、右上の［＋］をタップします。［以前ご利用のカード］を選ぶと、以前のiPhoneで利用していたSuicaが表示されるので、タップします。iPhoneのパスコードなどを入力すると、Suicaが復元され、残高も表示されます。

107 iPhoneを初期状態に戻すには

16 Plus Pro Pro Max
15 Plus Pro Pro Max

リセット

iPhoneを譲渡したり、売却するとき、あるいは修理に出すときは、iPhoneを初期状態に戻す必要があります。iCloudやパソコンにバックアップを取った後、保存されたデータや設定、個人情報などを一括で消去して、初期状態に戻しましょう。

次ページのPointを参考に、[iPhoneを探す]をオフに設定しておく

ワザ023を参考に、[設定]の画面を表示し、[一般]をタップしておく

[転送またはiPhoneをリセット]の画面が表示された

[リセット]をタップすると、ネットワークやキーボードの設定をリセットできる

❶ 画面を下にスクロール

❷ [転送またはiPhoneをリセット]をタップ

❸ [すべてのコンテンツと設定を消去]をタップ

Point　Apple Accountをサインアウトする

iPhoneを譲渡したり、売却するときは、次のページで説明する「iPhoneを探す」をオフにした後、[設定]アプリでApple Accountをサインアウトしておきましょう。

次のページに続く

［このiPhoneを消去］の画面が表示された

消去される内容が表示された

❹［続ける］をタップ

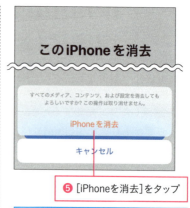

❺［iPhoneを消去］をタップ

iPhoneのパスコードを求められたらパスコードを入力する

［Apple Accountパスワード］の画面が表示されたときは、Apple Accountのパスワード入力すると、［iPhoneを探す］とアクティベーションロックがオフになる

iCloudバックアップの確認画面が表示されたときは、［アップロードを完了して消去］をタップする

 Point リセット前に必ず［iPhoneを探す］をオフにする

iPhoneを初期状態に戻すには、［iPhoneを探す］をオフにします。［設定］の画面でユーザー名を選び、［探す］の画面を表示して、［iPhoneを探す］をオフに切り替えます。切り替えるときには、Apple Accountのパスワードの入力が必要です。［iPhoneを探す］がオンのままで初期化をはじめたときも途中でApple Accountとパスワードの入力で、オフにできます。

108 iPhoneを最新の状態に更新するには

16 Plus Pro Pro Max
15 Plus Pro Pro Max

ソフトウェアアップデート

iPhoneに搭載されている基本ソフト「iOS」は、発売後も新機能の追加や不具合の修正などで、アップデート（更新）されます。自動アップデートの機能が有効か、iOSが最新のものに更新されているかを確認しましょう。

iPhoneを同梱のケーブルなどで電源か、パソコンに接続しておく

ワザ023を参考に、Wi-Fi（無線LAN）に接続しておく

ワザ107を参考に、［設定］の画面を表示しておく

❶［ソフトウェアアップデート］をタップ

❷［自動アップデート］が「オン」になっていることを確認

「オフ」と表示されているときは、タップしてオンにしておく

［今すぐアップデート］、または［夜間にアップデート］と表示されているときは、タップすると手動でアップデートを実行できる

 Point　自動アップデートが実行されないときは

iOSの自動アップデートは、実行する前に通知が表示され、夜間に自動的に実行されるため、日中は自動的に更新されないことがあります。また、自動アップデートはiPhoneが充電器に接続され、Wi-Fiで接続されているときに実行されます。それ以外のときは、手動でアップデートを実行する必要があります。

109 iPhoneが動かなくなってしまったら

再起動

iPhoneで特定のアプリが起動しなかったり、画面をタップしても反応がないなど、正常に動作しないときは、一度、電源を切って、入れ直します。それでも動作しないときは、**強制的に再起動**（リスタート）させてみましょう。

❶音量を上げるボタンを押し、すぐに離す

❷音量を下げるボタンを押し、すぐに離す

❸サイドボタンを押し続ける

［スライドで電源オフ］と表示されるが、サイドボタンを押し続ける

❹アップルのマークが表示されたら、サイドボタンを離す

iPhoneが起動する

 Point　iPhoneが不調のときは

特定のアプリが操作できないときは、33ページのPointを参考に、アプリの強制終了をします。

 Point　iPhoneが壊れたときはどうしたらいいの？

iPhoneを壊してしまったり、正常に動作しなくなったときは、iPhoneを購入した各携帯電話会社のショップやサポート窓口、Appleのサポートに連絡してみましょう。修理が必要なときは、Apple Storeや正規サービスプロバイダに加え、各携帯電話会社の一部のショップでも取り次ぎを受け付けています。修理では代替機が用意されないことがありますが、購入時に各携帯電話会社の**補償サービス**（**ワザ028**）に加入していれば、交換用端末を自宅に届けてくれるサービスもあります。

110 iPhoneを紛失してしまったら

iPhoneを探す

iPhoneを紛失したときは、iCloudの[探す]で探すことができます。iPhoneのiCloudの設定で[探す]がオンになっていれば、パソコンのWebブラウザーでiCloudのWebページから探すことができます。

[探す]の設定の確認

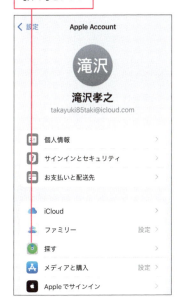

ワザ026を参考に、[Apple Account]の画面を表示しておく

[探す]をタップ

[iPhoneを探す]のここをタップすると、オン/オフを切り替えられる

Point　iPhoneの紛失に備えよう

iPhoneを紛失したり、盗まれたとき、第三者に不正に使われないように、ワザ090のパスコードやワザ091のFace IDを設定しておきましょう。また、ワザ103を参考に、バックアップを取っておくと、新しいiPhoneに買い換えたときもすぐに以前のデータを復元できるので、安心です。

次のページに続く

パソコンを利用したiPhoneの検索

前ページの手順を参考に、iPhoneの[iPhoneを探す]をオンにしておく

❶Webブラウザーで「https://www.icloud.com/」を表示

❷[サインイン]をクリック

❸Apple Accountを入力

❹ Enter キーを押す

❺パスワードを入力

❻ Enter キーを押す

| [2ファクタ認証]の画面が表示された | 2ファクタ認証はせずに、iPhoneの位置検索を開始する |

❼ [デバイスを探す]をクリック

| iPhoneの電源が入っていて、圏外でなければ、地図上に表示される | 遠隔操作のメニューを表示する |

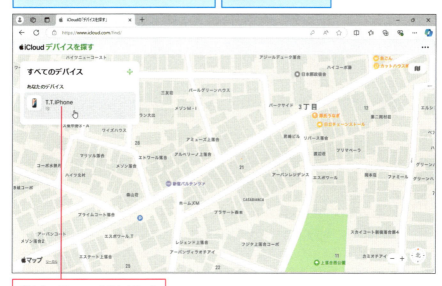

❽ 自分のiPhoneの名前をクリック

次のページに続く

遠隔操作のメニューが表示されるので、Pointを参考に操作を選択する

［サウンド再生］をクリックすると、iPhoneから音が鳴るので、近くにあれば場所が分かる

［紛失としてマーク］をクリックすると、iPhoneが操作できないようになり、画面に紛失したことを知らせるメッセージが表示される

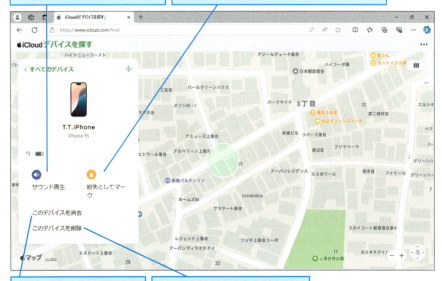

［このデバイスを消去］をクリックすると、iPhoneに保存されたデータが削除される

［このデバイスを削除］をクリックすると、［デバイスを探す］で探す端末のリストから除外される

Point　遠隔操作でiPhoneのデータを消去できる

iPhoneにはさまざまなデータが保存されています。もし、iPhoneを紛失したり、盗まれたりしたときは、このワザで解説したように、iCloudから探すことができます。上の画面のように、「サウンド再生」や「紛失モード」の操作ができます。万が一の場合、保存されているデータの悪用を防ぐため、遠隔操作でiPhoneのデータを消去する「このデバイスを消去」も実行できます。ただし、これらの機能はiPhoneの位置情報サービスがオフになっていると、利用できません。また、iPhoneの電源がオフになっているときは、サウンド再生や紛失モードなどもすぐに実行されず、次回、iPhoneの電源がオンになったときに実行されます。

111 Apple Accountのパスワードを忘れたときは

パスワードの変更

Apple Accountのパスワードがわからなくなったときは、この手順でパスワードを再設定することができます。パスワードを再設定するには、Apple Accountに登録したメールアドレスが必要になります。

ワザ026を参考に、[Apple Account]の画面を表示し、[サインインとセキュリティ]をタップする

ワザ090を参考に、パスコードを設定しておく

❶[パスワードの変更]をタップ

パスコードの入力画面が表示された

❷パスコードを入力

[パスワードの変更]の画面が表示された

❸新しいパスワードを入力

❹[変更]をタップ

パスワードが変更される

Point 「信頼できる電話番号」を確認しておこう

「Apple Accountを管理」のWebページ（https://account.apple.com/）でパスワードを再設定できます。本人確認には手順1の画面の「信頼できる電話番号」を利用します。[信頼できる電話番号]の[編集]をタップして、自分が利用できるほかの携帯電話や自宅の電話番号を追加しておけば、すぐにパスワードの再設定ができます。ただし、登録した電話番号に応答できる人なら、誰でもパスワードを再設定できるので、会社などの電話番号は設定しないようにしましょう。

112 iPhoneの空き容量を確認するには

16 Plus Pro Pro Max
15 Plus Pro Pro Max

iPhoneストレージ

iPhone 16/15シリーズはモデルごとに、アプリや写真、映像などを保存できる**本体のストレージ容量**が決まっています。空き容量が少なくなると、写真などが保存できなくなるので、自分のiPhoneの空き容量がどれくらいなのかを確認してみましょう。

ワザ107を参考に、［一般］の画面を表示しておく

［iPhoneストレージ］をタップ

［iPhoneストレージ］の画面が表示され、iPhoneの容量の使用状況が表示された

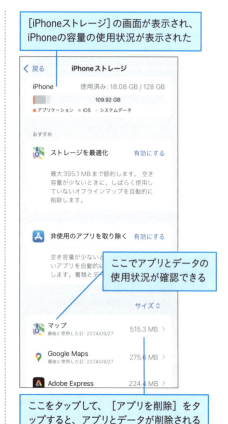

ここでアプリとデータの使用状況が確認できる

ここをタップして、［アプリを削除］をタップすると、アプリとデータが削除される

空き容量が足りないときは

本体の空き容量が少なくなると、アプリのインストールやiOSのアップデートができなくなります。空き容量が残り少ないときは、**不要なアプリや写真、ビデオなどを削除**するか、iCloudなどに保存するようにしましょう。

iCloudの容量を確認するには

iCloudにはiPhoneのバックアップや写真などに加え、同じApple Accountを設定したiPadやMacなどのデータも保存されます。iCloudは最大5GBまで無料で利用でき、残り容量は［設定］の［iCloud］の画面で確認できます。5GB以上を使いたいときは、［ストレージプランの変更］で有料サービスのiCloud+を申し込みます。iCloud+はストレージが月額130円で50GBまで、月額400円で200GB、月額1,300円で2TBまで使えます。iCloud+の50GBに、Apple MusicやApple TV+などを組み合わせた「Apple One」（月額1,200円）も利用できます。

ワザ026を参考に、［iCloud］の画面を表示しておく

iCloudの残り容量が表示されている

［iCloud+にアップグレード］をタップ

iCloud+の説明画面が表示された

［iCloud+にアップグレード］をタップすると、アップグレードできる

113 携帯電話会社との契約内容を確認するには

16 Plus Pro Pro Max
15 Plus Pro Pro Max

契約内容の確認

iPhoneを利用している携帯電話会社やMVNO各社では、料金プランの変更やオプションサービスの申し込みなどができる契約者向けページを用意しています。契約者ページは「Safari」で確認できるほか、アプリも利用できます。

「My docomo」を利用しよう

「My docomo」はNTTドコモを利用するユーザーのためのサポートサイトです。月々の利用料金やデータ量の確認をはじめ、料金プランの変更、オプションサービスの申し込みなどを24時間いつでも受け付けています。待ち時間もなく、すぐに手続きができます。「My docomo」にはdアカウントでログインできますが、あらかじめ[dアカウント設定]アプリをiPhoneでdアカウントを利用できるように設定しておきます。「My docomo」はWebページとアプリの両方で利用できるので、アプリをインストールしておくと便利です。

ワザ061を参考に、[My docomo]をインストールしておく

▶My docomo

Point ブックマークからもアクセスできる

iPhoneをNTTドコモで利用しているときは、[Safari]のブックマークから「お客様サポート」を選ぶと、すぐに「My docomo」のページが表示されます。Wi-Fiをオフにした状態でアクセスすると、dアカウントの認証がスムーズです。ahamoを契約している場合でも「My docomo」が利用できますが、詳しい内容は[ahamo]アプリやWebページで確認します。

「My au」を利用しよう

auの契約内容や利用状況は、サポートサイトの「My au」で確認できます。月々の利用料金やデータ利用量の確認、料金プランの変更、オプションサービスの申し込みなどを24時間いつでも受け付けています。「My au」はWebページのほか、アプリも提供されているので、App Storeからダウンロードして、インストールしておきます。利用にはau IDが必要です。UQ mobileでは「My UQ mobile」を利用します。

ワザ061を参考に、[My au] をインストールしておく

▶My au

Point UQ mobileは「My UQ mobile」で確認

UQ mobileの契約内容は、「My UQ mobile」のWebページに、au IDでログインすると、確認できます。[My UQ mobile]アプリの「マイページ」でも表示できます。

Point My auにはブックマークからもアクセスできる

iPhoneをauで利用しているときは、ブックマークから「auサポート」を選び、表示されたページで左上のメニューから[My au]をタップすると、au IDでログイン後、「My au」のWebページが表示されます。Wi-Fiをオフにした状態でアクセスすると、au IDの認証がスムーズです。

次のページに続く

My SoftBankを利用しよう

「My SoftBank」はソフトバンクを利用するユーザーのためのメニューです。月々の利用料金やデータ通信量の確認をはじめ、料金プランの変更、オプションサービスの申し込みなどを24時間いつでも受け付けていて、手続きに待ち時間もありません。「My SoftBank」はアプリが提供されているので、App Storeからダウンロードし、インストールします。利用には携帯電話番号とパスワードが必要です。パスワードはiPhoneで「My SoftBank」のWebページを表示し、「パスワードをお忘れの方」をタップし、4桁の暗証番号を入力すると、SMSで送信されてきます。

ワザ061を参考に、App Storeから[My SoftBank]をインストールしておく

▶My SoftBank

Point **My SoftBankにはブックマークからアクセスできる**

iPhoneをソフトバンクで利用しているときは、ブックマークから「My SoftBank」を選ぶと、MySoftBankのWebページが表示されます。Wi-Fiをオフにした状態でアクセスすると、スムーズに認証されます。

Point **ワイモバイルは「My Y!mobile」で確認**

ワイモバイルの契約内容は「My Y!mobile」のWebページやアプリで確認できます。ワイモバイルの初期登録時に設定される「My Y!mobile」のショートカットからもアクセスできます。

my 楽天モバイルを利用しよう

「my 楽天モバイル」は楽天モバイルを利用するユーザーのためのメニューです。月々の利用料金やデータ利用量の確認をはじめ、料金プランの変更、オプションサービスの申し込みなどを24時間いつでも受け付けていて、手続きに待ち時間もありません。「my 楽天モバイル」はアプリが提供されているので、App Storeからダウンロードして、インストールしておきましょう。アプリを起動し、楽天IDとパスワードを入力してログインすると、「my楽天モバイル」が利用できるようになります。

> ワザ061を参考に、App Storeから[My楽天モバイル]をインストールしておく

▶my 楽天モバイル

Point ブックマークからもアクセスできる

「my 楽天モバイル」はWebページからもアクセスできます。[Safari]のブックマークから「my 楽天モバイル」を選び、楽天IDとパスワードを入力してログインすると、表示されます。

Point [Rakuten Link] アプリもインストールしておこう

楽天モバイルでは音声通話やメッセージのやり取りをするための[Rakuten Link]というアプリを提供しています。国内通話を無料で利用するために必要になるので、App Storeからダウンロードして、インストールしておきましょう。

114 毎月のデータ通信量を確認するには

16 Plus Pro Pro Max
15 Plus Pro Pro Max

データ通信量の確認

各携帯電話会社では契約した料金プランによって、その月に利用できるデータ通信量が決まっています。各社のアプリを使い、その月にどれくらいのデータ通信量が利用したのかを確認してみましょう。

NTTドコモでデータ通信量を確認するには

ワザ061を参考に、[My docomo] アプリをインストールし、起動しておく

[データ通信量]に利用済のデータ通信量が表示される

[データ通信量詳細]をタップ

画面を上にスワイプすると、直近3日間のデータ通信量をグラフで確認できる

auでデータ通信量を確認するには

ワザ061を参考に、[My au] アプリをインストールし、起動しておく

ここで現在のデータ残量を確認できる

[もっと見る]をタップ

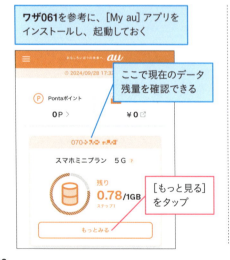

データ残量の詳細が表示された

ソフトバンクでデータ通信量を確認するには

ワザ061を参考に、[My SoftBank] アプリをインストールし、起動しておく

[データ通信量]で現在の利用量を確認できる

[詳細を見る]をタップ

データ残量の詳細が表示された

楽天モバイルでデータ通信量を確認するには

ワザ061を参考に、[my 楽天モバイル] アプリをインストールし、起動しておく

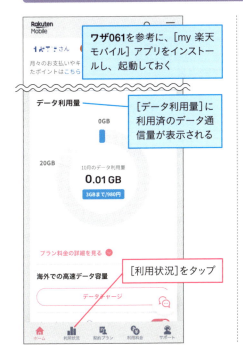

[データ利用量]に利用済のデータ通信量が表示される

[利用状況]をタップ

データ残量の詳細が表示された

索引 〉〉〉

記号・数字

+メッセージ	47, 130, 251
2ファクタ認証	71, 72

アルファベット

AirDrop	205
AirPods	175
App Store	67, 152
Apple Account	66, 68
Apple Accountを管理	275
Apple Gift Card	155
Apple ID	66
Apple Intelligence	6
Apple Music	170
Apple Pay	224, 231
AppleCare+	80
au ID	66, 75
au IDの設定	78
auメール	115
Bluetooth	34, 248
Dock	22, 179
dアカウント	66, 75
dアカウントの設定	78
Face ID	14, 221, 271
FaceTime	14, 45, 112
Gmail	48, 119, 246
Googleカレンダー	246
iCloud	67, 72
iCloud Drive	253
iCloudから復元	264
iCloud写真	209
iCloudメールアドレス	70
iMessage	47, 49, 67
iPhoneストレージ	276
iPhoneを探す	268, 271
iTunes Store	67, 152
iTunesなどから復元	264
LINEの引き継ぎ	252
Live Photos	58, 186
MMS	115, 116
My au	75, 78, 279
My docomo	75, 78, 278
My SoftBank	76, 280
my楽天モバイル	76, 79, 281
NameDrop	111
PDF	148, 150
QRコード	34
Rakuten Link	117, 281
Safari	52, 54, 134
SIMトレイ	15, 16
Siri	233
SMS	47, 49
SoftBank ID	66, 76
SoftBank IDの設定	79
spモードパスワード	114
Suica	224, 229, 266
URL	52, 54, 56, 143
USB-C	14, 95
USBメモリー	95
Wi-Fi	32, 34, 62

あ

アイコンの移動	82
アクションボタン	15, 17, 100, 105
新しい壁紙を追加	212
新しい連絡先の登録	107
アドレス帳	43
アプリ	26, 29, 178
アプリアイコンの色調	83
アプリの切り替え	28
アプリの検索	157
アプリのダウンロード	158
アプリの通知	30
アプリライブラリ	26, 182, 184
アプリを更新	159
アプリを削除	183
暗号化キー	63
位置情報	54, 161, 196
イヤホンマイク	175
インターネット共有	243
ウィジェット	22, 24, 94
ウィジェットを追加	181
ウォレット	224

衛星経由の位置情報	102
衛星通信	101
エクスプレスカード	228
おサイフケータイ	224
お手持ちのカードを追加	230
オフラインマップ	166
おやすみモード	236
音量ボタン	15, 16, 106

か

カーソル	42
懐中電灯	18
壁紙	212, 214
カメラ	15, 57, 186
カメラコントロール	4, 15, 57, 89, 194
画面縦向きのロック	34, 217
カレンダー	167
カレンダーアカウント	246
キーパッド	43, 45
キーボード	35
記号	37
機内モード	19, 34, 64, 105
強制終了	29
曲の再生	173
曲のダウンロード	174
緊急SOS	101
クイックスタート	262
クレジットカードを追加	225
携帯電話会社のメール	48
経路	163
交通系ICカード	229
コピー	41, 42, 143, 144
コントロールセンター	21, 32, 98
コントロールの移動	98
コントロールのサイズ変更	99

さ

再起動	270
最近閉じたタブ	136
サイドボタン	15, 16
撮影地	199
撮影モード	186
サブスクリプションサービス	177
時刻指定要約	237, 241

下書きを保存	122
自動分類機能	60
自動ロック	216
シネマティック	186, 195
支払い方法の登録	152
自分撮り	187
自分の電話番号	45
自分の連絡先	108
写真	57, 59, 60, 186
写真の共有メニュー	203
写真のトリミング	201
写真の並べ替え	198
写真を削除	208
写真を添付	49
シャッターボタン	58, 186
集中モード	19, 34, 105, 235
充電	17
消音モード	19, 105
初期設定	254
署名	129
新規タブで開く	134
新規連絡先を作成	127
ズーム	186, 189
ズームの調整	194
スクリーンタイム	260
スタンバイ	93
ステータスアイコン	23
ステータスバー	22
スリープ	18, 216
設定	62
選択範囲	42
操作を取り消す	41
即時通知	237
ソフトウェアアップデート	269

た

ダウンロード	148
タッチ操作	20
タブ	52, 134
タブグループ	137, 146
タブの切り替え	135
着信	46
着信/サイレントスイッチ	16, 105
着信音	46, 106

通知	31, 237, 238, 241
通知センター	21, 30
通知を消去	31
データ通信量	282
デザリング	243
電源のオフ	19
電源ボタン	15, 16
伝言の確認	88
添付	123
電話	43
動画	194
ドコモメール	114

な・は

ナイトモード	188
バーストモード	190
バイブレーションの設定	106
パスコード	218, 271
パスコードオプション	220
パスワード	84, 275
パスワード管理アプリ	84
パスワードを再設定	275
バックアップ	73
バックアップ用アプリ	250
バッジ	23, 240
発着信履歴	104
バナー	239
パノラマ	186
ビデオ	57, 186, 194
ビデオ通話	112
ファイル	95, 148
フォーマット	96
フォトグラフスタイル	5, 186
フォルダ	22, 180
ブックマークの追加	140
ブックマークの表示	142
プライベートブラウズ	147
ブラウザアプリ	52
フラッシュ	15, 16, 186
フラッシュライト	34, 99, 100
フリック入力	40
プレビューを表示	240
プロファイル	75, 145
プロファイルのインストール	76

プロファイルの切り替え	146
プロファイルを削除	115
紛失モード	232, 274
ペースト	41, 42
ペアリング	248
ポートレート	186, 192
ホーム画面	22, 24, 82, 178
ホーム画面から取り除く	182
補償サービス	80, 270

ま

マイカード	45, 108
マップ	161
ミュージック	170, 172
無線LAN	32, 62
無線LANアクセスポイント	63
メール	48, 120
メールアドレス	114
メールの受信間隔	126
メールボックス	125, 128
メッセージ	49, 50
メモ	27
文字入力	35
文字認識	197
文字の編集	41
モバイルデータ通信	34, 243
予測変換	38
ライブ留守番電話	44, 87
楽天ID	66, 76, 79
楽メール	117
リーダー表示	139
リセット	267
留守番電話サービス	44, 87
連写	190
連絡先	43, 44, 107
連絡先を削除	110
連絡先を送信	111
ロック画面	18
ロック中にSiriを許可	234

わ

ワイヤレスイヤホン	175
ワイヤレス充電	17

■著者
法林岳之（ほうりん たかゆき）
1963年神奈川県出身。携帯電話とパソコンの解説記事や製品試用レポートなどを執筆。「ケータイWatch」で連載するほか、「法林岳之のケータイしようぜ!!」も配信中。主な著書に『できるWindows 11 2024年改訂3版 Copilot対応』『できるゼロからはじめるスマホ超入門 Android対応 最新版』（共著、インプレス）などがある。

石川 温（いしかわ つつむ）
月刊誌「日経トレンディ」編集記者を経て、2003年にジャーナリストとして独立。携帯電話を中心に国内外のモバイル業界を取材し、一般誌や専門誌、女性誌などで幅広く執筆。日経新聞電子版「モバイルの達人」を連載中。

白根雅彦（しらね まさひこ）
1976年東京都出身。「ケータイ Watch」の編集スタッフを経て、フリーライターとして独立。雑誌やWeb媒体で、製品レビューから取材まで、幅広く記事を執筆する。

STAFF

カバーデザイン	伊藤忠インタラクティブ株式会社
カバーイラスト	米山夏子
本文デザイン	クニメディア株式会社
カバー／本文撮影	加藤丈博
本文イラスト	町田有美・松原ふみこ
モデル	るびぃ（所属：ボンボンファミン・プロダクション）
DTP制作	町田有美・田中麻衣子
編集協力	高木大地
デザイン制作室	今津幸弘
制作担当デスク	柏倉真理子
編集	小野孝行
編集長	藤原泰之

本書のご感想をぜひお寄せください

https://book.impress.co.jp/books/1124101088

読者登録サービス

アンケート回答者の中から、抽選で図書カード（1,000円分）などを毎月プレゼント。
当選者の発表は賞品の発送をもって代えさせていただきます。
※プレゼントの賞品は変更になる場合があります。

■商品に関する問い合わせ先

このたびは弊社商品をご購入いただきありがとうございます。本書の内容などに関するお問い合わせは、下記のURLまたは二次元バーコードにある問い合わせフォームからお送りください。

https://book.impress.co.jp/info/

上記フォームがご利用いただけない場合のメールでの問い合わせ先
info@impress.co.jp

※お問い合わせの際は、書名、ISBN、お名前、お電話番号、メールアドレスに加えて、「該当するページ」と「具体的なご質問内容」「お使いの動作環境」を必ずご明記ください。なお、本書の範囲を超えるご質問にはお答えできないのでご了承ください。

●電話やFAXでのご質問には対応しておりません。また、封書でのお問い合わせは回答までに日数をいただく場合があります。あらかじめご了承ください。

●インプレスブックスの本書情報ページ https://book.impress.co.jp/books/1124101088 では、本書のサポート情報や正誤表・訂正情報などを提供しています。あわせてご確認ください。

●本書の奥付に記載されている初版発行日から1年が経過した場合、もしくは本書で紹介している製品やサービスについて提供会社によるサポートが終了した場合はご質問にお答えできない場合があります。

■落丁・乱丁本などの問い合わせ先
FAX 03-6837-5023
service@impress.co.jp
※古書店で購入された商品はお取り替えできません。

できるfit
ずっと使えるiPhone 16 & 15 Plus/Pro/Pro Max対応

2024年11月1日 初版発行

著　者　法林岳之・石川温・白根雅彦＆できるシリーズ編集部
発行人　髙橋隆志
編集人　藤井貴志
発行所　株式会社インプレス
　　　　〒101-0051　東京都千代田区神田神保町一丁目105番地
　　　　ホームページ　https://book.impress.co.jp/

本書の利用によって生じる直接的あるいは間接的被害について、著者ならびに弊社では一切の責任を負いかねます。あらかじめご了承ください。

本書は著作権法上の保護を受けています。本書の一部あるいは全部について（ソフトウェア及びプログラムを含む）、株式会社インプレスから文書による許諾を得ずに、いかなる方法においても無断で複写、複製することは禁じられています。

Copyright © 2024 Takayuki Hourin, Tsutsumu Ishikawa, Masahiko Shirane and Impress Corporation. All rights reserved.

印刷所　株式会社 広済堂ネクスト
ISBN978-4-295-02047-9 C3055

Printed in Japan